广联达 计量计价实训系列教程

BANGONG DASHA
ANZHUANG SHIGONG TU

办公大厦安装施工图

■ 王全杰 韩红霞 李元希 主 编 ■ 朱溢镕 张晓丽 刘丽君 副主编

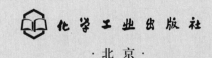

化学工业出版社

·北京·

本书是广联达计量计价系列图纸的安装专业部分。本图纸包括给排水专业工程、电气专业工程、采暖专业工程、消防专业工程、通风空调专业工程五大专业内容。

本图纸是广联达软件股份有限公司工程教育事业部应广大院校进行计量计价实训教学要求，组织工程领域的行业专家及多位优秀专业课老师共同设计的。广联达计量计价实训系列图纸包含土建、安装及精装修等内容，该图纸为该系列的安装工程内容部分，设计案例工程大小合适，专业类型齐全，能满足安装计量计价实训教学需要，既可以作为手工算量实训图纸，满足手工算量实训需要；也可以作为软件算量的实训图纸，满足软件算量实训要求。

本图纸只可以用于教学，不可用于施工。

本图纸可作为安装工程造价相关专业的实训用图，也可作为岗位培训或供建设工程相关人员的学习用图。

图书在版编目（CIP）数据

办公大厦安装施工图/王全杰，韩红霞，李元希主编.
北京：化学工业出版社，2014.1（2024.8重印）
广联达计量计价实训系列教程
ISBN 978-7-122-18997-4

Ⅰ.①办…　Ⅱ.①王…②韩…③李…　Ⅲ.①办公建
筑-建筑安装-建筑制图-教材　Ⅳ.①TU243

中国版本图书馆 CIP 数据核字（2013）第 270810 号

责任编辑：吕佳丽
责任校对：蒋　宇　　　　　　　　　　　　　　装帧设计：韩　飞

出版发行：化学工业出版社（北京市东城区青年湖南街 13 号　邮政编码 100011）
印　　装：大厂聚鑫印刷有限责任公司
880mm×1230mm　1/8　印张 8½　字数 256 千字　2024 年 8 月北京第 1 版第 21 次印刷

购书咨询：010-64518888　　　　　售后服务：010-64518899
网　址：http://www.cip.com.cn
凡购买本书，如有缺损质量问题，本社销售中心负责调换。

定　　价：22.00 元　　　　　　　　　　　　　　版权所有　违者必究

本书编写人员

主　编　王全杰　韩红霞　李元希

副主编　朱溢镕　张晓丽　刘丽君

参　编　刘师雨　刘丽娜　吕春兰　罗淑婧　孙鹏翔

注：与本书配套的《安装工程计量与计价实训教程》《Revit 机电应用实训教程》可以在当当网等单独购买，配套的电子图可以发送"办公大厦安装施工图"至 cipedu@163.com 索取。

图 纸 目 录

归档日期	2006-08	工程名称	广联达办公大厦	图纸名称	图纸目录	图纸编号	ML-01
工程编号	GLD06-01	图纸比例	1:100				

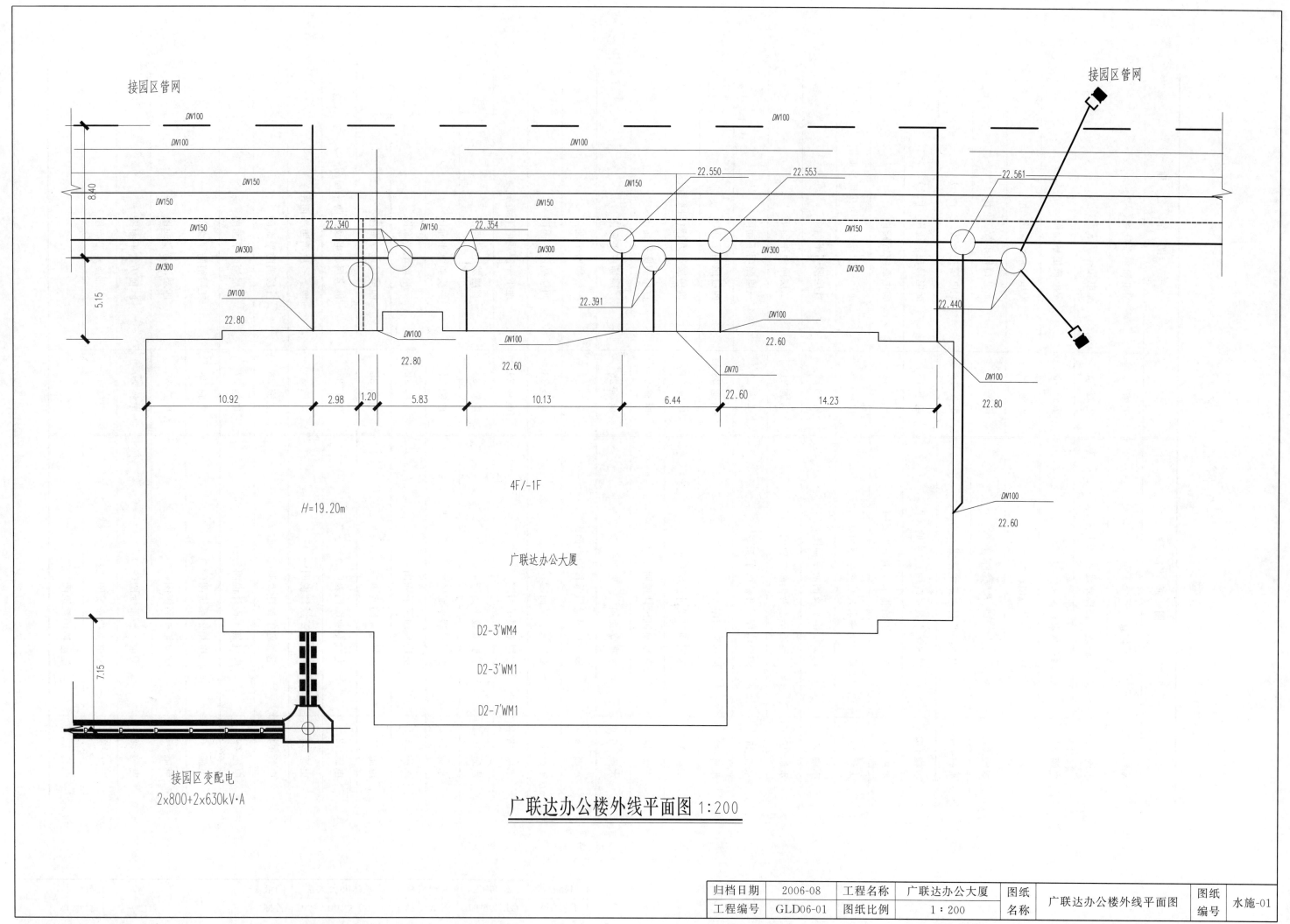

接园区管网

接园区管网

DN100

DN100

DN100

DN100

DN150

DN150

DN150

DN150

22.550

22.553

22.561

8.40

DN150

22.340

DN150

22.354

DN300

DN300

22.391

DN300

DN300

5.15

DN100

22.80

22.80

22.60

DN100

DN100

22.60

DN70

22.60

22.440

DN100

22.60

10.92

2.98

1.20

5.83

10.13

6.44

22.60

14.23

22.80

4F/-1F

H=19.20m

广联达办公大厦

D2-3'WM4

D2-3'WM1

7.15

D2-7'WM1

接园区变配电
2×800+2×630kV·A

广联达办公楼外线平面图 1:200

归档日期	2006-08	工程名称	广联达办公大厦	图纸名称	广联达办公楼外线平面图	图纸编号	水施-01
工程编号	GLD06-01	图纸比例	1：200				

2

给排水设计说明（一）

一、工程概况

本工程在设计时更多地考虑算量和钢筋的基本知识，不是实际工程，勿照图施工。

本建筑物为"广联达办公大厦"，建设地点位于北京市郊，建筑物用地概貌属于平缓场地，本建筑物为二类多层办公建筑。总建筑面积为 4745.6m²，建筑层数为地下 1 层、地上 4 层，高度为檐口距地高度为 15.6m。本建筑物设计标高±0.000 相当于绝对标高=41.50。

二、设计依据

1. 建设单位提供的本工程设计要求及任务书（2005.9.28）
2. 《建筑给水排水设计规范》（GB 50015—2003）
3. 《采暖通风与空气调节设计规范》（GB 50019—2003）
4. 《建筑设计防火规范》（GB 50016—2006）
5. 《公共建筑节能设计标准》（DBJ 01—621—2005）
6. 建筑设备专业技术措施（北京市建筑设计研究院编）
7. 节水型生活用水器具（CJ 164—2002）
8. 《建筑灭火器配置设计规范》（GB 50140—2005）
9. 《建筑给水排水及采暖工程施工质量验收规范》（GB 50242—2002）
10. 《建筑与小区雨水利用工程技术规范》（GB 50400—2006）

三、设计内容

本工程施工图设计内容包括采暖、给水、排水、消防、通风系统设计。

四、设计参数

1. 室外设计参数

夏季通风室外计算温度：30℃。

冬季采暖室外计算温度：—9℃；空气密度：夏季 $r=1.337kg/m^3$，冬季 $r=1.20kg/m^3$。

冬季通风室外计算温度：—5℃；大气压力：夏季 $P_x=99.86kPa$，冬季 $P_d=102.04kPa$。

2. 室内设计参数（见下表）

表　室内设计参数

房间名称	冬季采暖计算温度/℃
软件培训中心、办公室、培训学员报名处	20
软件开发中心、软件测试中心	20
董事会专用会议室	18
卫生间、门厅、走廊、楼梯间	16
档案室	18

3. 维护结构热工性能

外墙：$K=0.60W/m^2$；屋顶：$K=0.51W/m^2$；外窗：$K=3.0W/m^2$，内隔墙：$K=1.5W/m^2$。

五、给水系统

1. 本工程生活给水由小区内市政给水管网直接供给，供水压力 0.25MPa。最高日用水量：16.95m³/d，最大小时用水量 3.32m³/h。给水总口设水表及低阻力型倒流防止器，水表阻力损失小于 0.0245MPa。

2. 污水：生活污水经化粪池收集后排入小区市政污水管网，生活污水日排放量为 33.6m³/d。

3. 卫生洁具均选用节水型产品，构造内无存水弯的卫生器具应设置存水弯，存水弯、地漏水封深度不得小于 50mm。

4. 屋面雨水排水为重力流外排水系统，外排水及部分内排水雨水管直接排入室外散水，在经室外雨水篦子进入雨水外线，详见建筑图纸。

六、消防系统

1. 本工程设置室内消火栓系统，室内消防用水量为 15L/s，消防用水由小区消防泵房经减压给水，管径 DN100，系统呈环状且两路供水。系统工作压力 0.5MPa。消防试压大于等于 1.4MPa。

2. 消火栓为单阀、单枪，25m 衬胶水龙带，消火栓栓口口径 DN70，水枪口径 DN19。消火栓箱内设有启泵按钮。设室外水泵接合器一个，型号：SQX 型、DN100，安装形式采用地下式。

3. 消防给水管、泄水管采用镀锌钢管，丝扣连接，消防系统阀门带开关显示。

4. 试压及冲洗要求详见《建筑给水排水及采暖工程施工质量验收规范》（GB 50242—2002）。

5. 建筑灭火器配置详建筑专业图纸。

七、管材及保温（见下表）

表　管材及保温

序号	系统类别	管材		连接方式	保温防结露的材料及做法	保温厚度/mm
1	生活给水、中水	热镀锌（衬塑）复合管		丝扣连接	橡塑板材	$D=25\sim15,\delta=20$ $D=40\sim32,\delta=25$ $D=70\sim50,\delta=30$ $D>80,\delta=40$
2	污水管	立管	螺旋塑料管	黏合连接		
		横支管	塑料管 UPVC	黏合连接		
	压力排水管	暗埋	机制排水铸铁管	W 承插水泥接口		
3	雨水管	明装、暗埋	塑料管 UPVC	黏合连接		

注：1. 保温材料技术数据——保温材料及其制品应有产品合格证书，由施工单位对产品质量确认，保温应在管道试压及涂染合格后进行，阀门法兰等部位宜采用可拆卸式保温结构。橡塑板材：密度为 100kg/m³，温度使用范围为—50~140℃，氧指数≥32，吸水率 3%，热导率 0.04W/(m·℃)。

2. 保温材料及其制品应有产品合格证书，由施工单位对产品质量确认，保温应在管道试压及涂染合格后进行。阀门法兰等部位宜采用可拆卸式保温结构。橡塑板，管壳参数要求：密度 100kg/m³，温度使用范围—50~140℃，氧指数>32，吸水率：3%，热导率 0.04W/(m·℃)。

3. 风道软接口采用不燃材料制作。

4. 穿越防火墙风道、管道，其洞隙采用不燃材料封堵。

八、防腐

1. 安装前管道、管件、支架容器等涂底漆前必须清除表面灰尘污垢、锈斑及焊渣等物，必须清除内部污垢和杂物，此道工序合格后方可进行刷漆作业。

2、支架容器等除锈后均刷防锈漆（樟丹防锈漆）两道，第一道防锈漆应在安装前涂好，试压合格后再涂第二道防锈底漆，明设镀锌钢管不刷防锈底漆，镀锌层破坏部分及管螺纹露出部分刷防锈底漆（红丹酚醛防锈漆）两道，上述管道及明装不保温管道、管件、支架等再涂醇酸瓷漆两道，设于管井内、管道间管道可不再刷面漆。

3. 排水铸铁管、热镀锌钢管均刷沥青漆两道。

九、冲洗

管道投入使用前，必须冲洗，冲洗前应将管道上安装的流量计、孔板、滤网、温度计、调节阀等拆除，待冲洗合格后再装上。

十、节能、环保

1. 设计依据文件
（1）城市区域环境噪声标准（GB 3096—93）
（2）污水综合排放标准（GB 8978—1996）
（3）甲方提供有关设计文件及资料（2005.9.28）

2. 本工程污水经化粪池处理后排入市政污水管线。

3. 本工程雨水、污水分流排放设计。

4. 噪声处理：屋顶风机均设隔噪减振装置。噪声均符合标准要求。

5. 节能：建筑物外墙，外窗均按国家标准选用节能型（K 值小于国家规定值）。

6. 节水：卫生洁具、淋浴器、大便器、配水龙头均采用符合 GJ 164—2002 规定的节水型产品。

归档日期	2006-08	工程名称	广联达办公大厦	图纸名称	给排水设计说明（一）	图纸编号	水施-02
工程编号	GLD06-01	图纸比例	1：100				

给排水设计说明（二）

图 例

名称	图 例	名称	图 例
给水管	—— JL —— JL —— (JL)	淋浴间网框式地漏	⊘ ⊤ (地) H+0mm
地漏	⊘ ⊤ (地) H+0mm	蹲式大便器	⊙ (蹲) 脚踏式 H+500mm
污水管	—— W —— W —— (W)	立式小便斗	⬦ (小) 红外感应水龙头 H+500mm
透气管	— · — T — · — T — · — (T)	洗脸盆	⬮ (脸) 红外感应水龙头 H+800mm
消防管	—— XH1 —— XH1 —— (XH)	坐式大便器	⬭ (坐) 6L 低水箱 H+500mm
喷淋管	—— ZP —— ZP —— (ZP)	水喷头	○ ▽
室内消火栓	◣ ●	压力表	P
橡胶软接头	─○─	温度计	T
止回阀	─▷─	金属软接头	∼
截止阀	─▲─	雨水斗	⊓
潜水泵	⊞ ⊔ H+0mm	伸缩节	▨
闸阀	─▷◁─	Y 型过滤器	⋉

归档日期	2006-08	工程名称	广联达办公大厦	图纸名称	给排水设计说明（二）	图纸编号	水施-03
工程编号	GLD06-01	图纸比例	1：100			

4

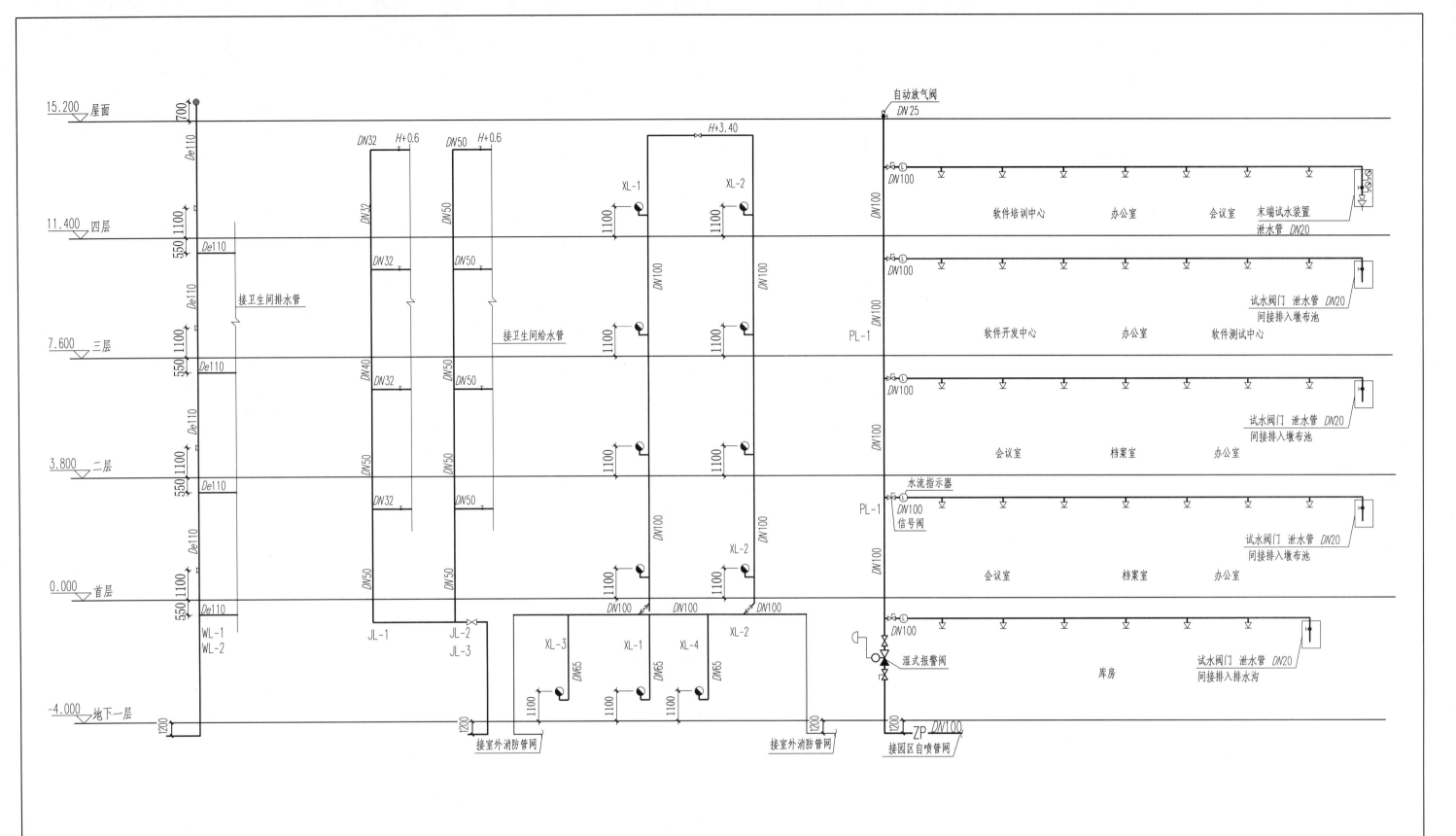

给排水、消防及喷淋立管图 1:150

归档日期	2006-08	工程名称	广联达办公大厦	图纸	给排水、消防及喷淋立管图	图纸	水施-04
工程编号	GLD06-01	图纸比例	1：150	名称		编号	

5

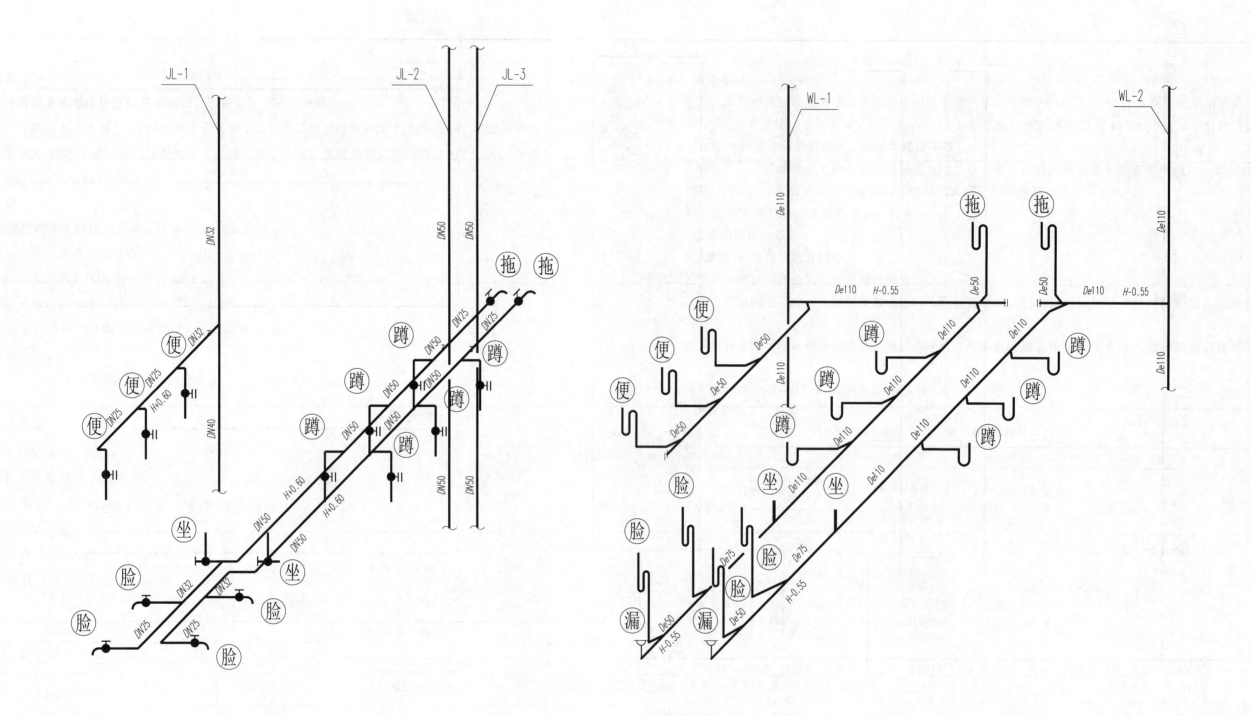

卫生间给排水系统详图 1:100

归档日期	2006-08	工程名称	广联达办公大厦	图纸名称	卫生间给排水系统详图	图纸编号	水施-05
工程编号	GLD06-01	图纸比例	1:100				

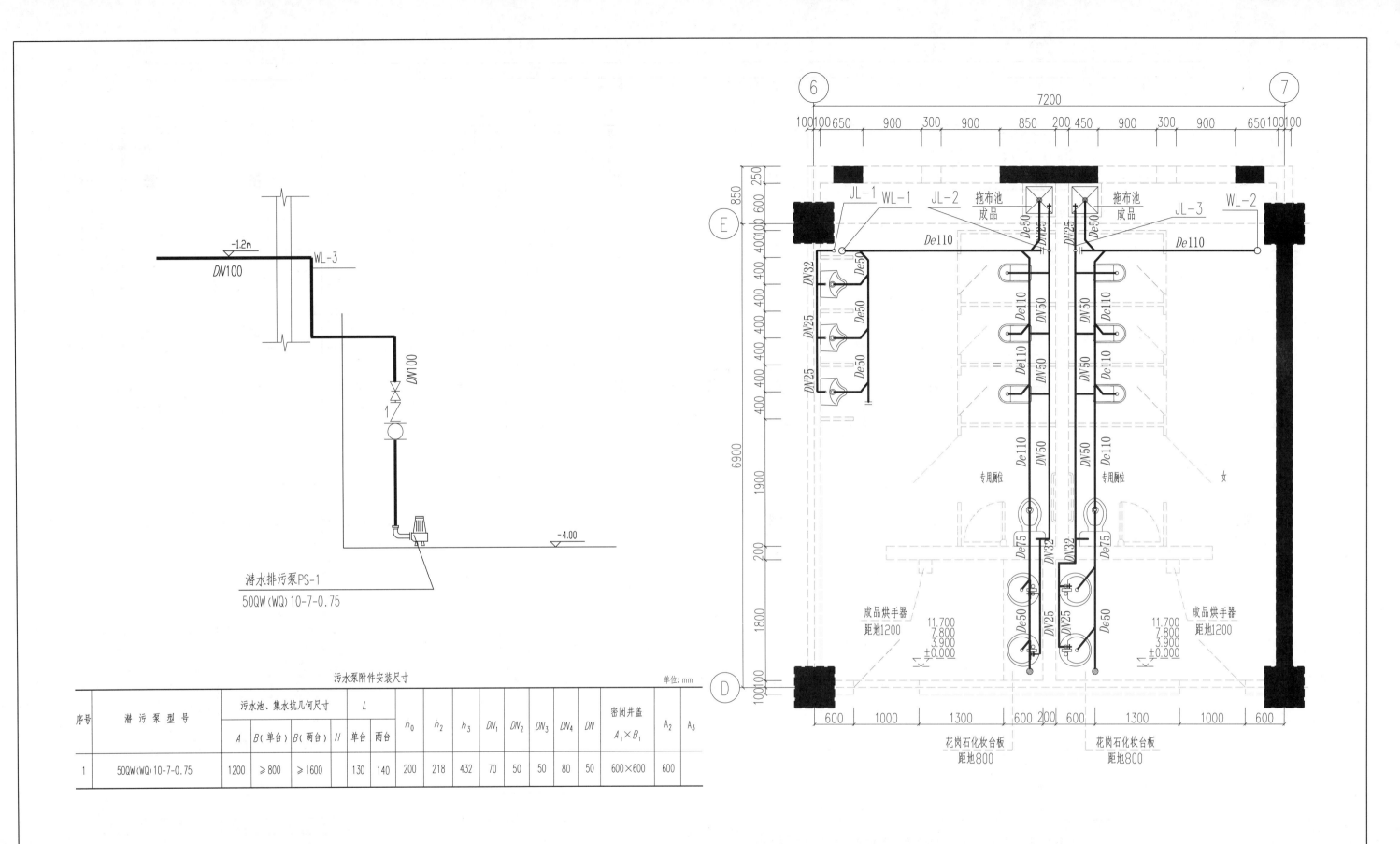

潜水污水泵安装示意图

污水泵附件安装尺寸

单位: mm

序号	潜污泵型号	污水池、集水坑几何尺寸				L		h_0	h_2	h_3	DN_1	DN_2	DN_3	DN_4	DN	密闭井盖	A_2	A_3
		A	B(单台)	B(两台)	H	单台	两台									$A_1 \times B_1$		
1	50QW(WQ)10-7-0.75	1200	≥800	≥1600		130	140	200	218	432	70	50	50	80	50	600×600	600	

一号卫生间给排水详图 1:50

归档日期	2006-08	工程名称	广联达办公大厦	图纸	潜水污水泵系统图、	图纸	水施-06
工程编号	GLD06-01	图纸比例	1:100	名称	卫生间详图	编号	

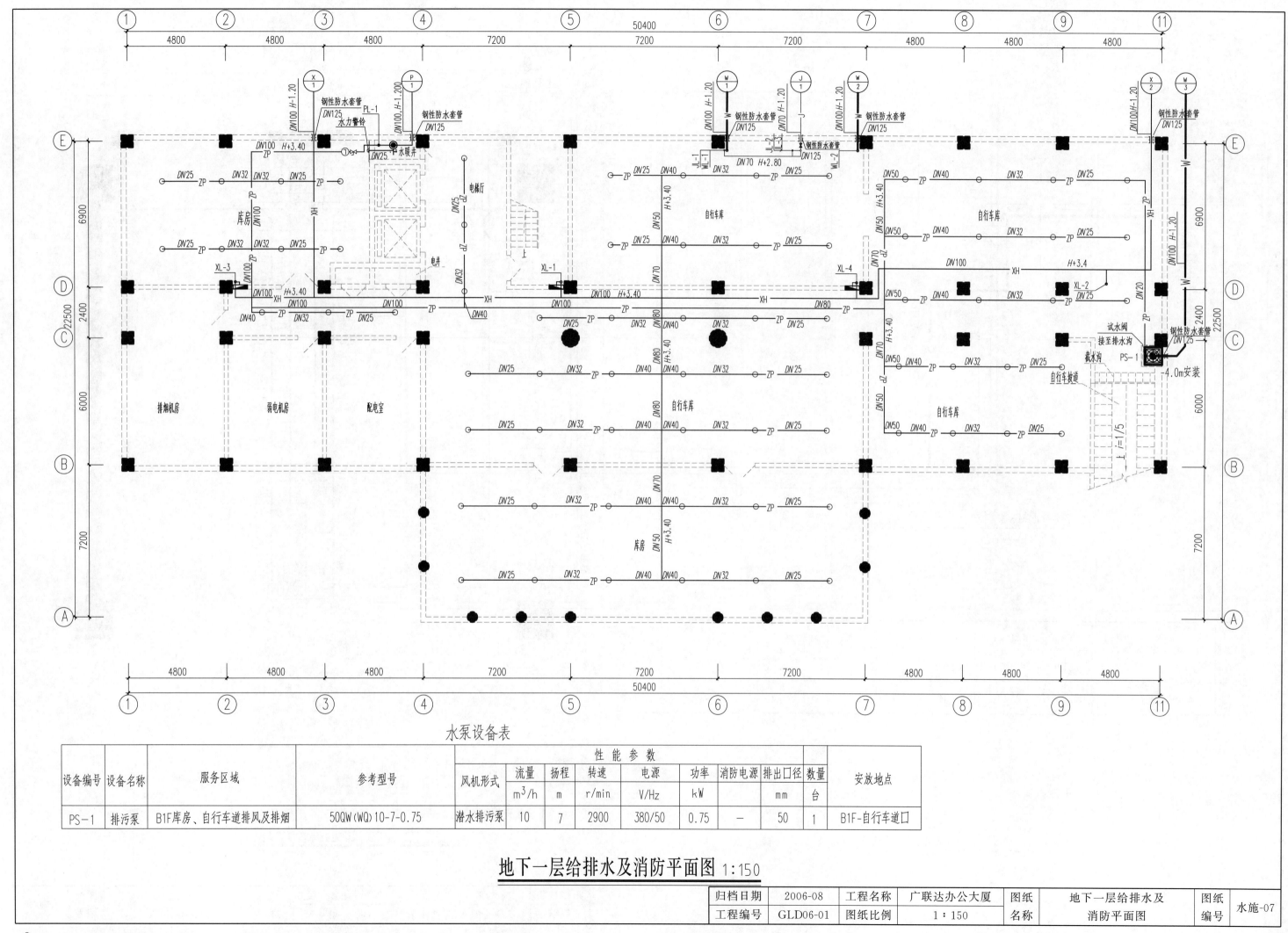

水泵设备表

设备编号	设备名称	服务区域	参考型号	风机形式	性能参数								安放地点
					流量	扬程	转速	电源	功率	消防电源	排出口径	数量	
					m³/h	m	r/min	V/Hz	kW		mm	台	
PS-1	排污泵	B1F库房、自行车道排风及排烟	50QW(WQ)10-7-0.75	潜水排污泵	10	7	2900	380/50	0.75	—	50	1	B1F-自行车道口

地下一层给排水及消防平面图 1:150

归档日期	2006-08	工程名称	广联达办公大厦	图纸名称	地下一层给排水及消防平面图	图纸编号	水施-07
工程编号	GLD06-01	图纸比例	1:150				

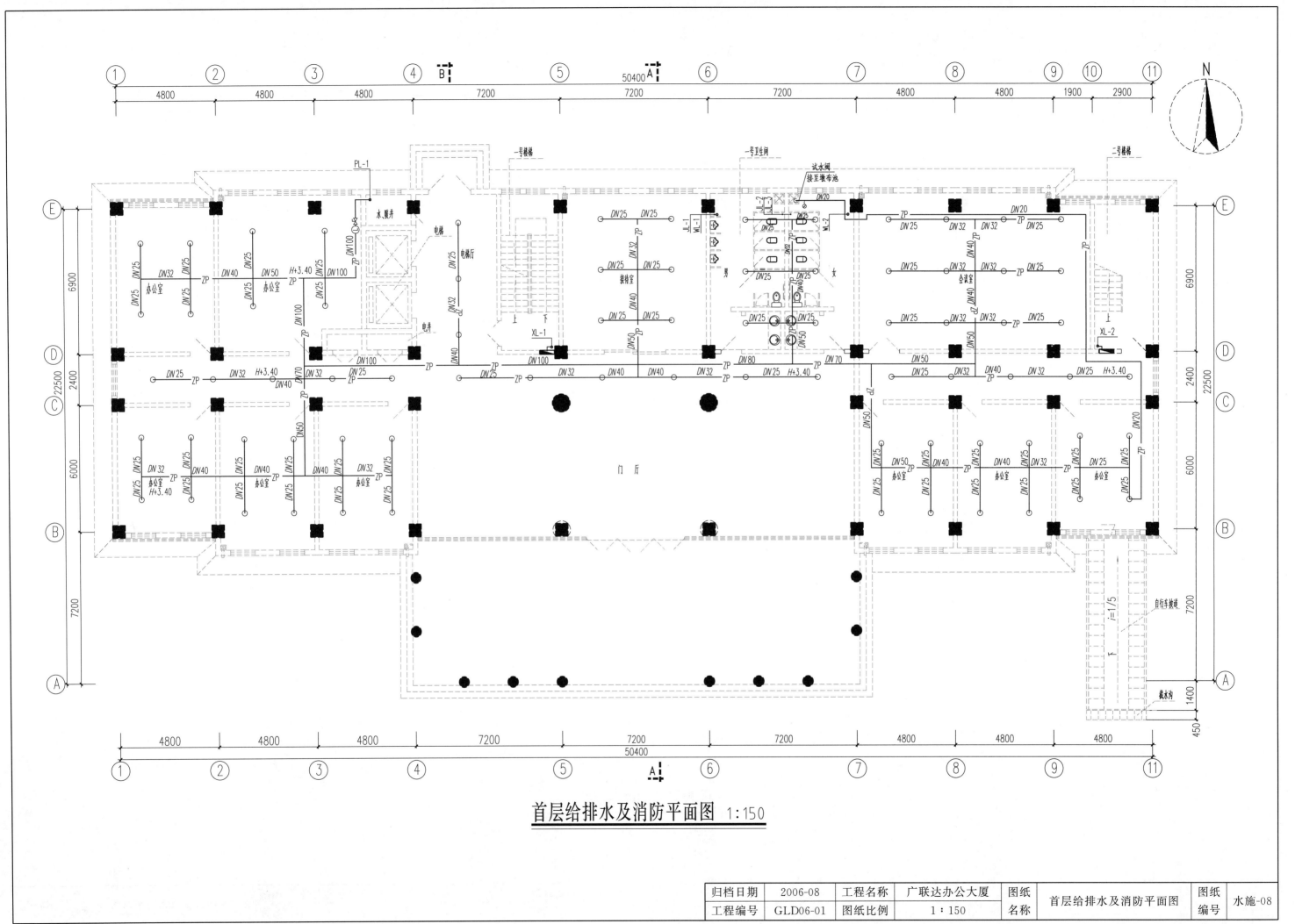

首层给排水及消防平面图 1:150

归档日期	2006-08	工程名称	广联达办公大厦	图纸名称	首层给排水及消防平面图	图纸编号	水施-08
工程编号	GLD06-01	图纸比例	1:150				

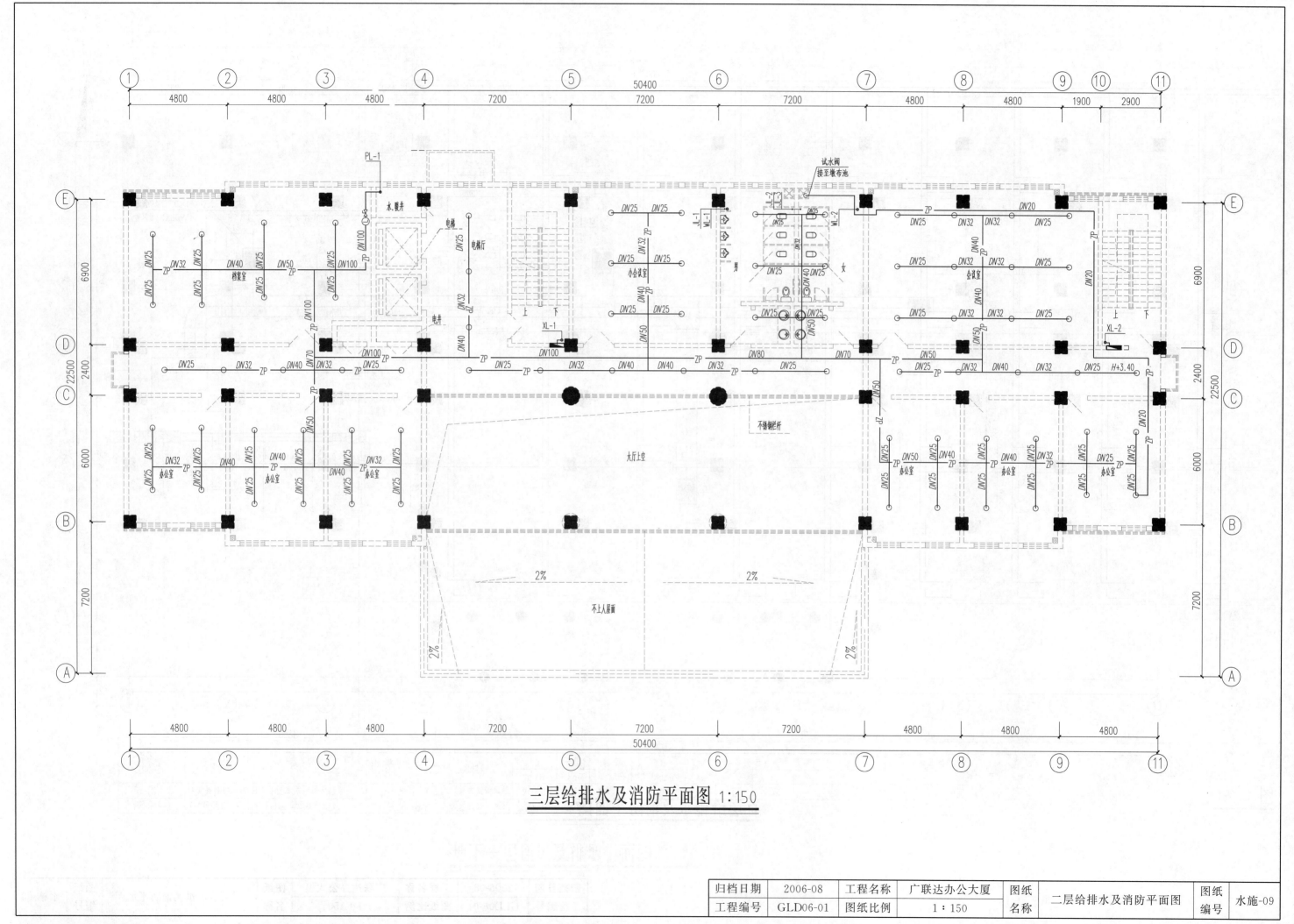

三层给排水及消防平面图 1:150

归档日期	2006-08	工程名称	广联达办公大厦	图纸名称	二层给排水及消防平面图	图纸编号	水施-09
工程编号	GLD06-01	图纸比例	1:150				

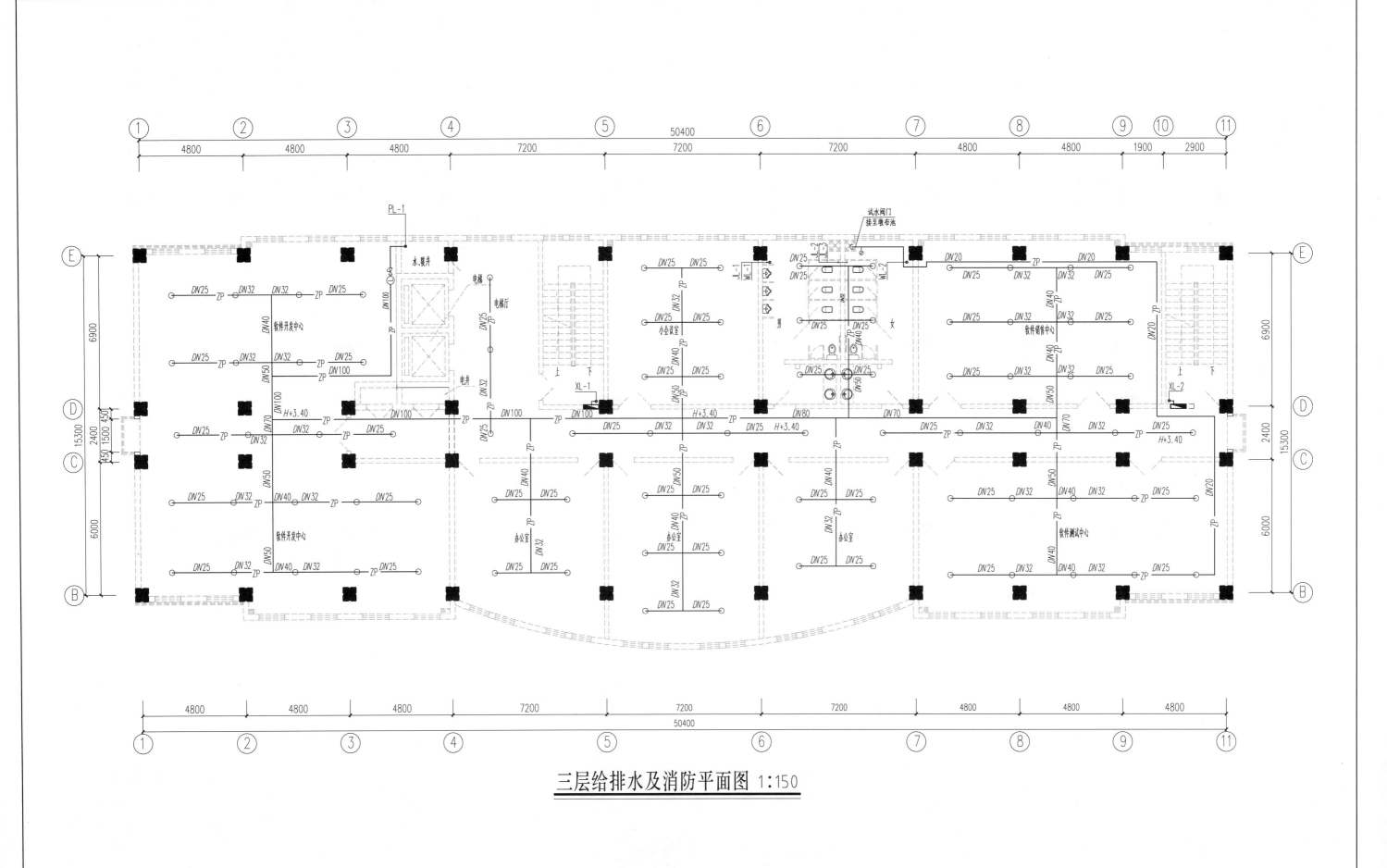

三层给排水及消防平面图 1:150

归档日期	2006-08	工程名称	广联达办公大厦	图纸名称	三层给排水及消防平面图	图纸编号	水施-10
工程编号	GLD06-01	图纸比例	1:150				

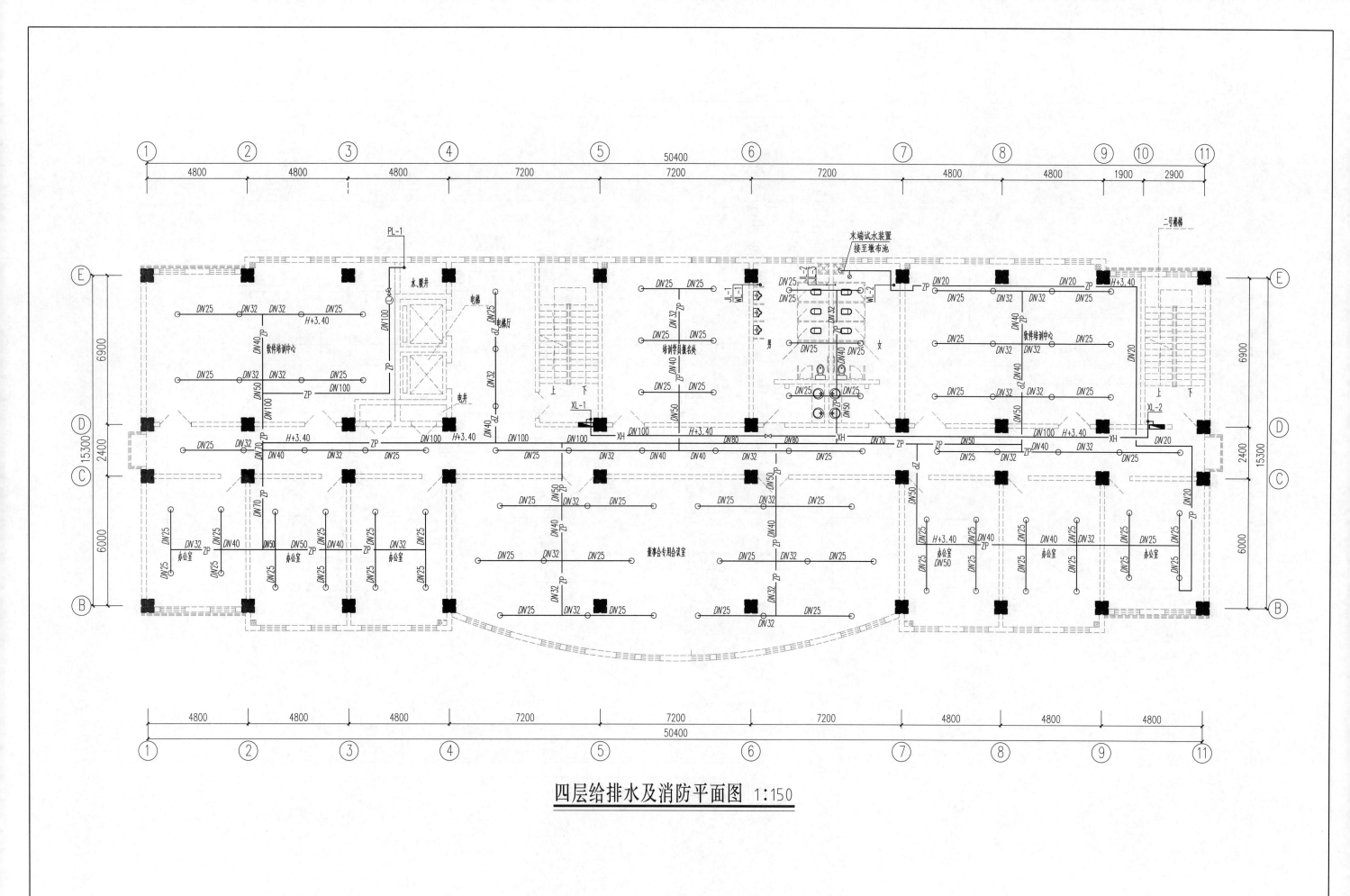

四层给排水及消防平面图 1:150

| 归档日期 | 2006-08 | 工程名称 | 广联达办公大厦 | 图纸名称 | 四层给排水及消防平面图 | 图纸编号 | 水施-11 |
| 工程编号 | GLD06-01 | 图纸比例 | 1：150 |

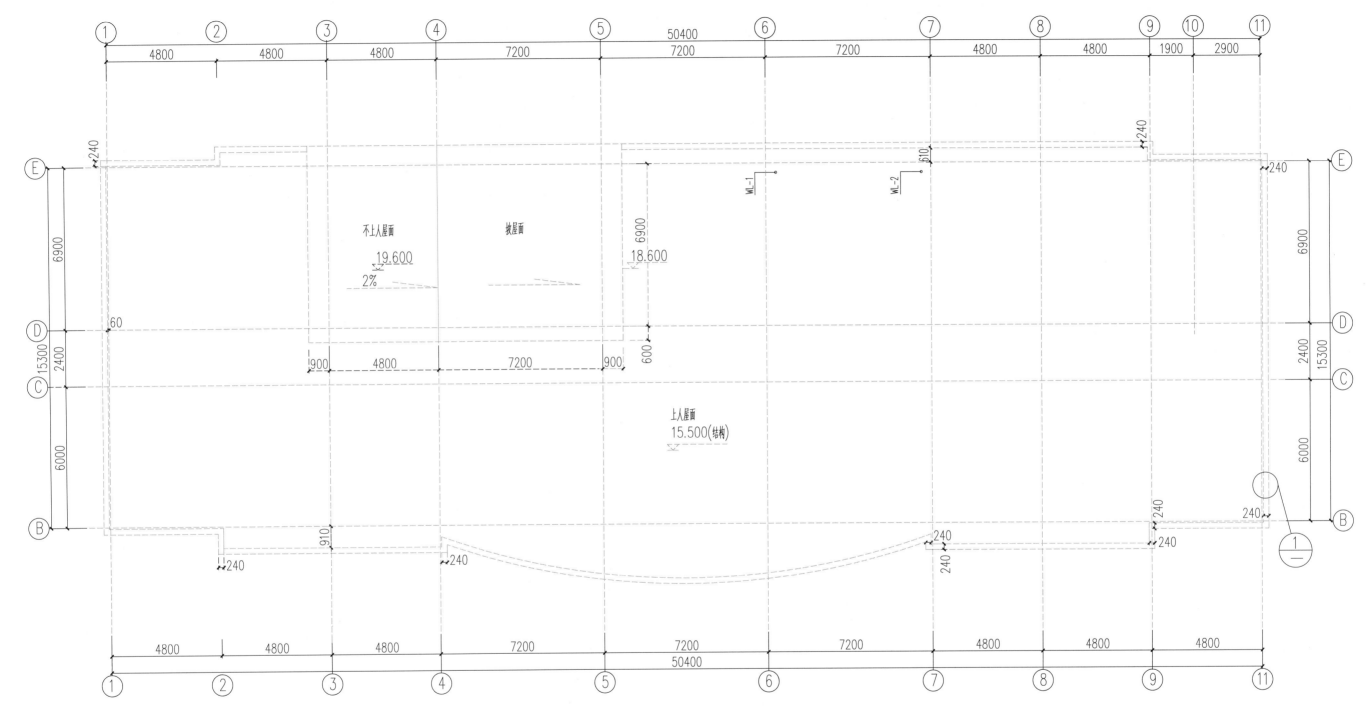

不上人屋面

坡屋面

19.600
2%

18.600

上人屋面
15.500(结构)

WL-1

WL-2

屋顶平面图 1:150

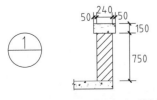

女儿墙压顶大样图

注：此处仅为女儿墙墙厚240mm的表示，压顶在图形上不显示。

归档日期	2006-08	工程名称	广联达办公大厦	图纸名称	屋顶平面图	图纸编号	水施-12
工程编号	GLD06-01	图纸比例	1：150				

采暖通风设计说明（一）

一、工程概况

本工程在设计时更多地考虑算量的基本知识，不是实际工程，勿照图施工。

本建筑物为"广联达办公大厦"，建设地点位于北京市郊，建筑物用地概貌属于平缓场地，本建筑物为二类多层办公建筑。总建筑面积为4745.6m²，建筑层数为地下1层、地上4层，高度为檐口距地高度为15.6m。本建筑物设计标高±0.000相当于绝对标高＝41.50。

二、设计依据

1. 建设单位提供的本工程设计要求及任务书（2005.9.28）
2. 《采暖通风与空气调节设计规范》（GB 50019—2003）
3. 《建筑设计防火规范》（GB 50016—2006）
4. 《公共建筑节能设计标准》（DBJ 01—621—2005）
5. 建筑设备专业技术措施（北京市建筑设计研究院编）

三、设计内容

本工程施工图设计内容包括采暖、通风系统设计。

四、设计参数

1. 室外设计参数

夏季通风室外计算温度：30℃；

冬季采暖室外计算温度：−9℃；

空气密度：夏季 $r=1.337kg/m^3$；冬季 $r=1.20kg/m^3$；

冬季通风室外计算温度：−5℃；

大气压力：夏季 $P_x=99.86kPa$；冬季 $P_d=102.04kPa$。

2. 室内设计参数（见下表）

表 室内设计参数

房间名称	冬季采暖计算温度/℃
软件培训中心、办公室、培训学员报名处	20
软件开发中心、软件测试中心	20
董事会专用会议室	18
卫生间、门厅、走廊、楼梯间	16
档案室	18

3. 维护结构热工性能

外墙：$K=0.60W/m^2$　　屋顶：$K=0.51W/m^2$

外窗：$K=3.0W/m^2$　　内隔墙：$K=1.5W/m^2$

五、采暖系统

1. 热源：采暖热源由园区内的自建锅炉房提供采暖热水，水温60～85℃，室内冬季采暖采用散热器采暖方式，散热器采用柱型钢制散热器，承压要求：0.8MPa，600型散热器标准散热量为110W/片，300型散热器标准散热量为60W/片，散热器必须设防护罩暗装。采暖为连续采暖。

2. 系统方式：采暖系统为上供上回双管异程系统，总系统入口设热计量表和静态平衡阀；入口做法详图集91SB1-1（2005）第67页，每组散热器上设温控阀（楼梯间及门厅的散热器支管上不设阀门）。

3. 采暖总负荷162kW；采暖热指标：43W/m²。

六、空调通风系统设计

1. 室内预留分体空调电源插座。

2. 卫生间、淋浴间的通风由外窗通风排气。

3. 电梯机房平时通风按6次换气次数计算，均设有排气扇，室内排风口处设铁丝网防护罩，室外排风口设置防雨百叶。

4. 地下自行车库与库房部分做排烟系统，弱电机房与强电机房通风按6次换气次数计算做有通风系统，补风均由车道补风。

注：本工程所有立风道板材均采用镀锌钢板，无土建风道。

七、管材及保温（材料）（见下表）

表 管材及保温

序号	系统类别	管材		连接方式	保温防结露的材料及做法	保温厚度/mm
1	采暖管	吊顶及管井内安装	热镀锌钢管	≤DN100,螺纹连接 ≥DN125,法兰连接	橡塑板材	$D=25～15,\delta=13$ $D=40～32,\delta=19$
		明装	热镀锌钢管			$D\leq80,\delta=25$
		暗埋	PB管	插口连接		$D\geq100,\delta=30$
2	排风管（圆形风管直径或矩形风管长边长）	≤320mm 330～630mm 630～1000mm 1000～2000mm 2000mm	$\delta=0.5mm$ 镀锌钢板 $\delta=0.6mm$ 镀锌钢板 $\delta=0.75mm$ 镀锌钢板 $\delta=1.0mm$ 镀锌钢板 $\delta=1.2mm$ 镀锌钢板	法兰连接,垫料采用阻燃型8501密封胶带 $\delta=3mm$ 厚		

注：1. 保温材料技术数据——保温材料及其制品应有产品合格证书，由施工单位对产品质量确认，保温应在管道试压及涂染合格后进行，阀门法兰等部位宜采用可拆卸式保温结构。橡塑管壳，密度为100kg/m³，温度使用范围为−50～140℃，氧指数≥32，吸水率3%，热导率0.04W/(m·℃)。

2. 保温材料及其制品应有产品合格证书，由施工单位对产品质量确认，保温应在管道试压及涂染合格后进行。阀门法兰等部位宜采用可拆卸式保温结构。橡塑板，管壳参数要求：密度100kg/m³，温度使用范围：−50～140℃，氧指数≥32，吸水率：3%，热导率：0.04W/(m·℃)。

3. 风道软接口采用不燃材料制作。

4. 穿越防火墙风道、管道，其洞隙采用不燃材料封堵。

归档日期	2006-08	工程名称	广联达办公大厦	图纸名称	采暖通风设计说明（一）	图纸编号	水施-13
工程编号	GLD06-01	图纸比例	1：100				

八、防腐

1. 安装前管道，管件，支架容器等涂底漆前必须清除表面灰尘污垢，锈斑及焊渣等物，必须清除内部污垢和杂物，此道工序合格后方可进行刷漆作业。

2. 支架容器等除锈后均刷防锈漆（樟丹防锈漆）两道，第一道防锈漆应在安装时涂好，试压合格后再涂第二道防锈底漆，明设镀锌钢管不刷防锈底漆，镀锌层破坏部分及管螺纹露出部分刷防锈底漆（红丹酚醛防锈漆）两道，上述管道及明装不保温管道，管件，支架等再涂醇酸瓷漆两道，设于管井内，管道间管道可不再刷面漆。

九、冲洗

1. 管道投入使用前，必须冲洗，冲洗前应将管道上安装的流量计，孔板，滤网，温度计，调节阀等拆除，待冲洗合格后再装上。

2. 暖气系统供回水管道用清水冲洗，冲洗时以系统能达到的最大压力和流量进行，直到出水口水色和透明度与入口目测一致为合格。

十、节能、环保

1. 设计依据文件
(1) 城市区域环境噪声标准（GB 3096—93）
(2) 污水综合排放标准（GB 8978—1996）
(3) 甲方提供有关设计文件及资料（2005.9.28）

2. 本工程污水经化粪池处理后排入市政污水管线。

3. 本工程雨水、污水分流排放设计。

4. 噪声处理：屋顶风机均设隔噪减振装置。噪声均符合标准要求。

5. 节能：建筑物外墙，外窗均按国家标准选用节能型（K 值小于国家规定值）。

图 例

名称	图 例	名称	图 例
暖气管	—NG1——NH1—●○⓪(NJ)(NT)(ND)	采暖回水管	—NH1——NH1—
防火阀	(70℃)	采暖供水管	—NG1——NG1—
止回阀		温度计	
电动蝶阀	Ⓜ	金属软接头	
压差控制阀		压力表	Ⓡ
闸阀		伸缩节	
温控阀		减压阀	
散热器		热计量表	Ⓖ

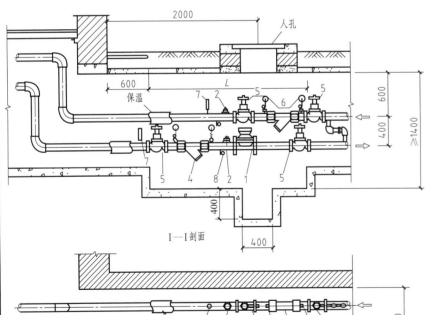

编号	名　称
1	热量表
2	温度传感器
3	积分仪
4	Y 型水过滤器
5	手动调节阀或平衡阀
6	弹簧压力表 Y～100　1.5　0～1MPa
7	温度计　WNG-11　0～150℃
8	DN15 泄水阀

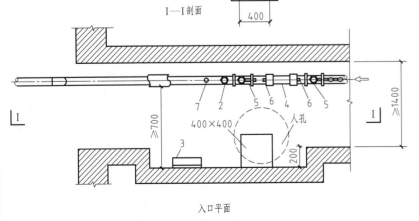

入口平面

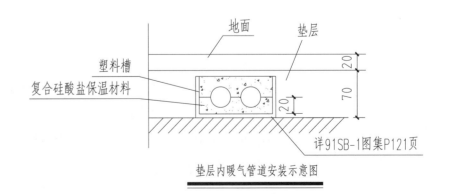

详91SB-1图集P121页

垫层内暖气管道安装示意图

归档日期	2006-08	工程名称	广联达办公大厦	图纸名称	采暖通风设计说明（二）	图纸编号	水施-14
工程编号	GLD06-01	图纸比例	1：100				

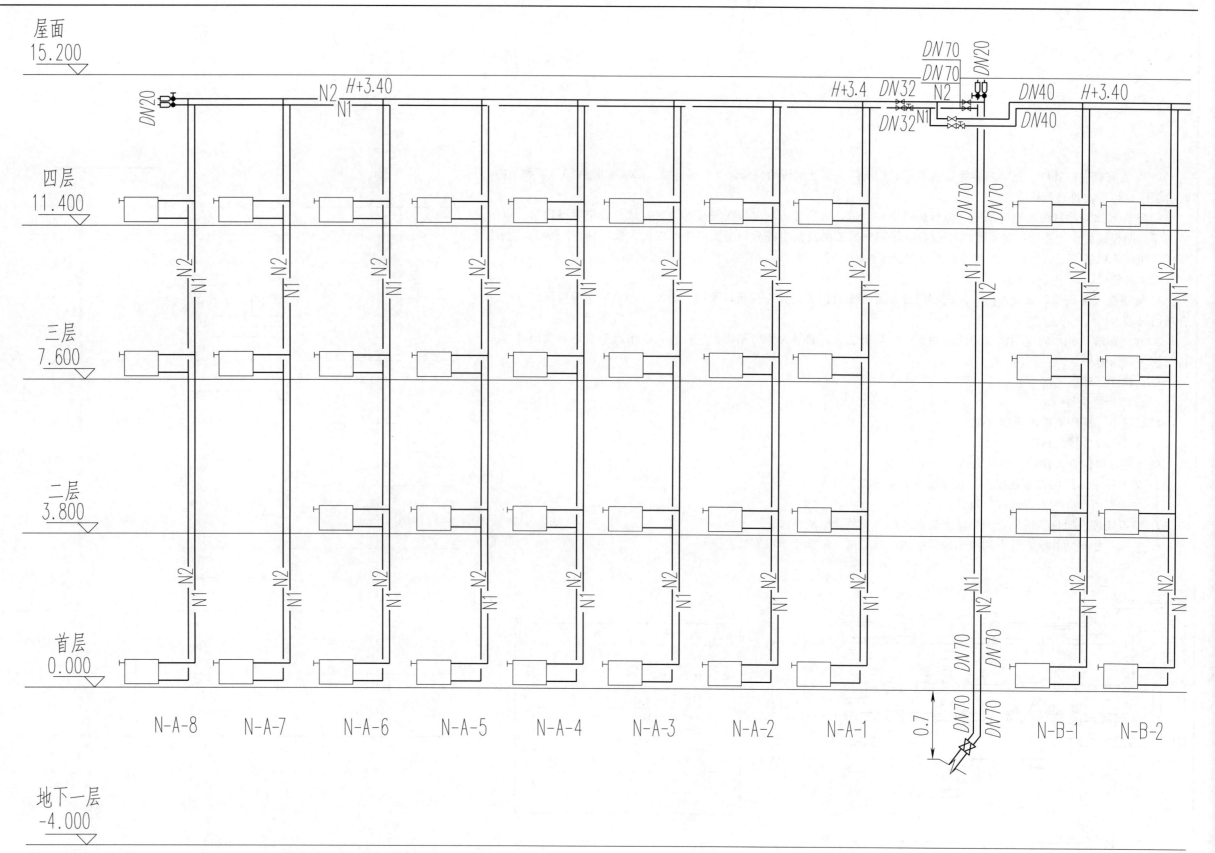

屋面
15.200

四层
11.400

三层
7.600

二层
3.800

首层
0.000

地下一层
-4.000

N-A-8   N-A-7   N-A-6   N-A-5   N-A-4   N-A-3   N-A-2   N-A-1   N-B-1   N-B-2

注：1.楼梯间、门厅、卫生间的散热器支管均不装温控阀、手动放风门、铜截止阀。

2.散热器片数详见平面图。

3.控阀,支管管径除注明外均为DN20,散热器安装高度距地500cm。

4.未标注立管均为DN20。

<u>采暖立管</u>

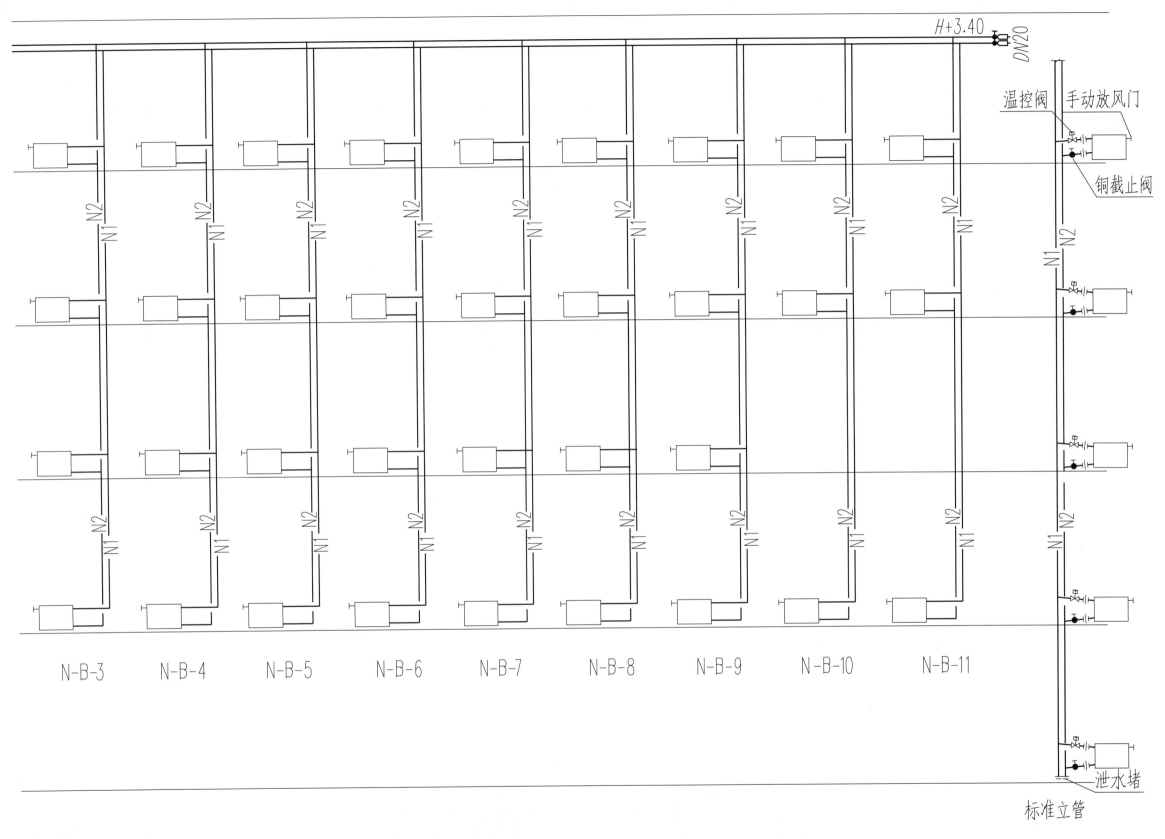

图 1:150

| 归档日期 | 2006-08 | 工程名称 | 广联达办公大厦 | 图纸名称 | 采暖立管图 | 图纸编号 | 水施-15 |
| 工程编号 | GLD06-01 | 图纸比例 | 1:150 | | | | |

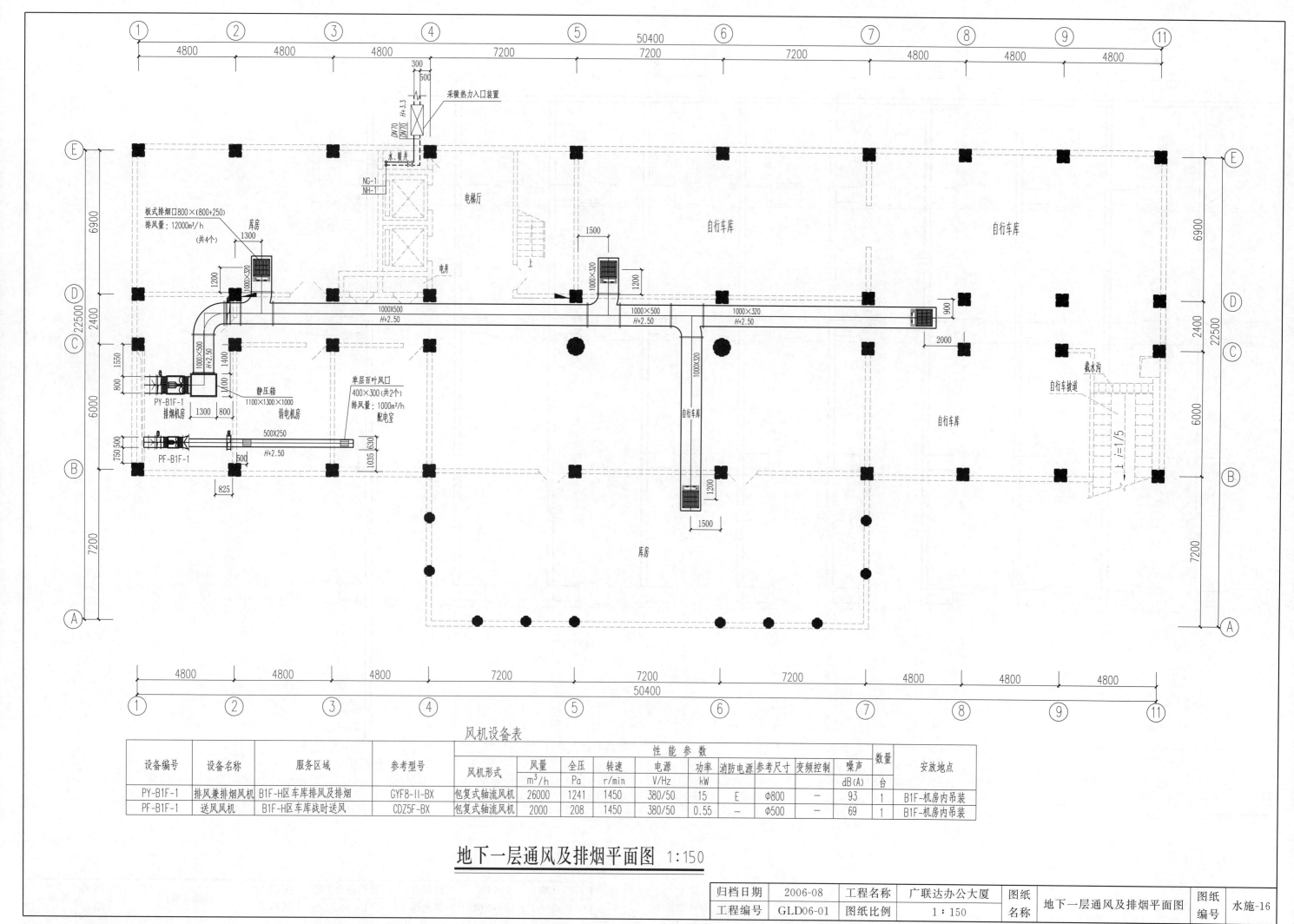

风机设备表

设备编号	设备名称	服务区域	参考型号	性能参数					消防电源	参考尺寸	变频控制	噪声	数量	安放地点
				风机形式	风量	全压	转速	电源	功率					
					m³/h	Pa	r/min	V/Hz	kW				dB(A)	台
PY-B1F-1	排风兼排烟风机	B1F-H区 车库排风及排烟	GYF8-II-BX	包复式轴流风机	26000	1241	1450	380/50	15	E	Φ800	—	93	1	B1F-机房内吊装
PF-B1F-1	送风风机	B1F-H区 车库战时送风	CDZ5F-BX	包复式轴流风机	2000	208	1450	380/50	0.55	—	Φ500	—	69	1	B1F-机房内吊装

地下一层通风及排烟平面图 1:150

| 归档日期 | 2006-08 | 工程名称 | 广联达办公大厦 | 图纸名称 | 地下一层通风及排烟平面图 | 图纸编号 | 水施-16 |
| 工程编号 | GLD06-01 | 图纸比例 | 1：150 | | | | |

18

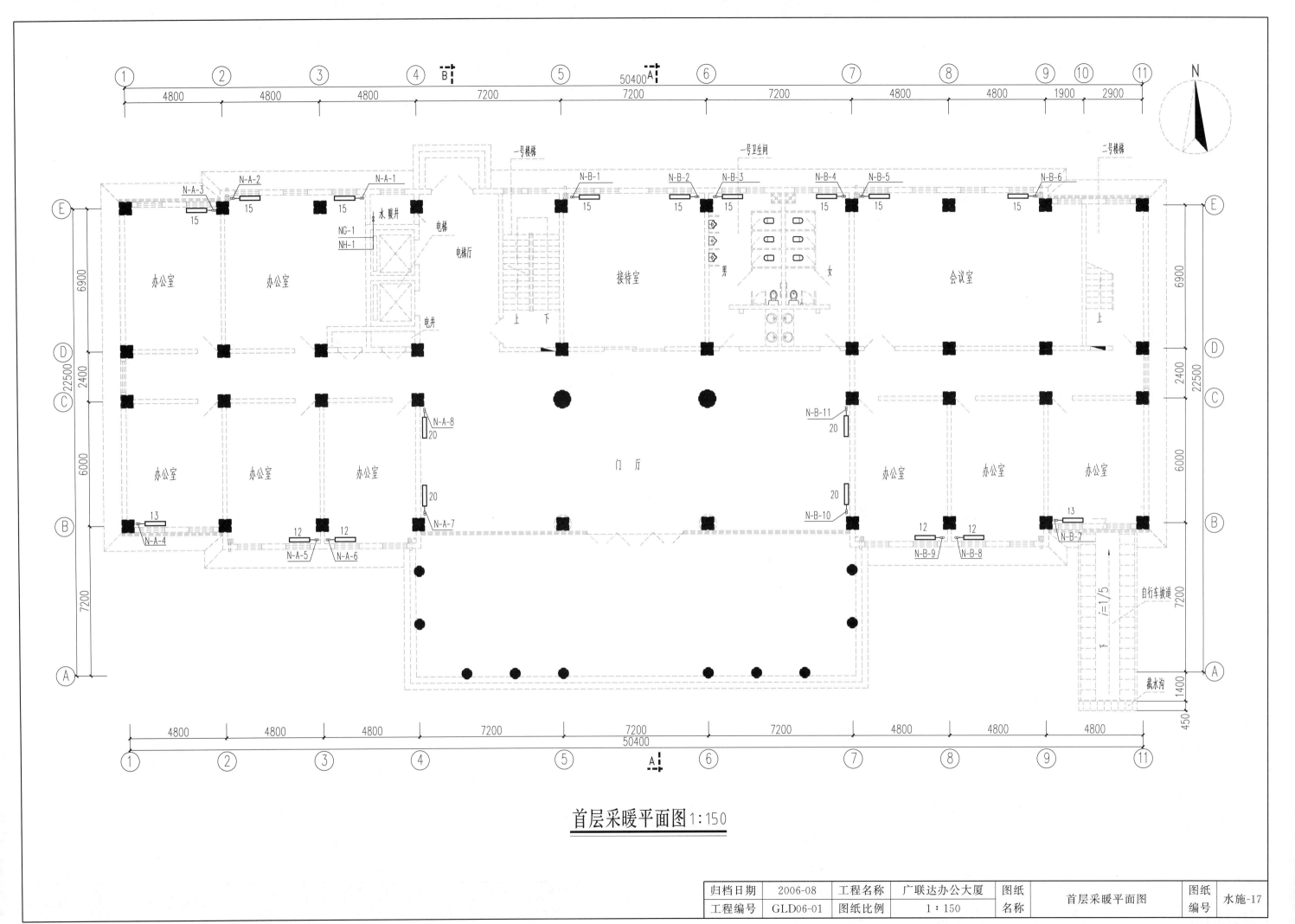

首层采暖平面图 1:150

归档日期	2006-08	工程名称	广联达办公大厦	图纸	首层采暖平面图	图纸	水施-17
工程编号	GLD06-01	图纸比例	1：150	名称		编号	

19

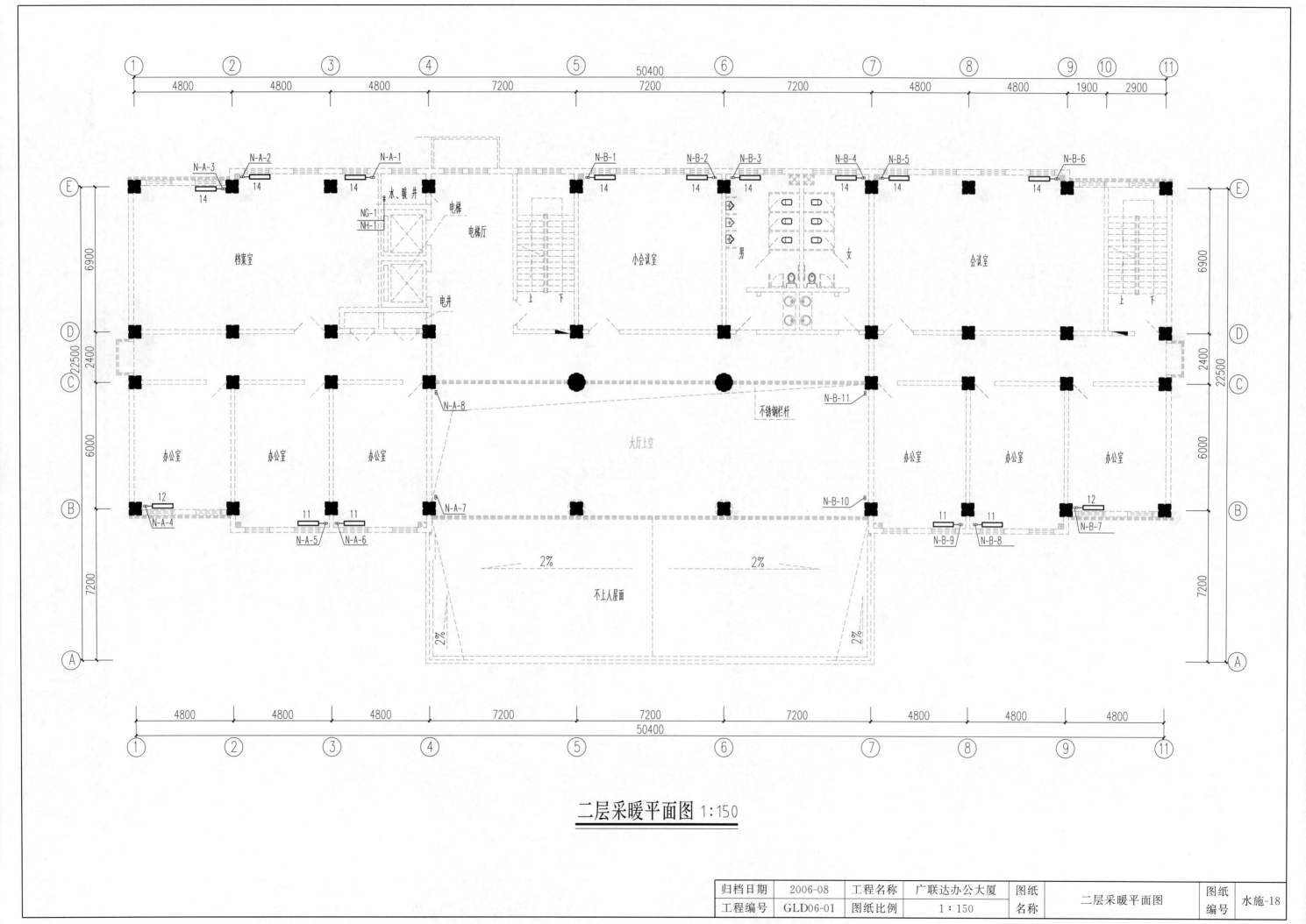

二层采暖平面图 1:150

| 归档日期 | 2006-08 | 工程名称 | 广联达办公大厦 | 图纸 | 二层采暖平面图 | 图纸 | 水施-18 |
| 工程编号 | GLD06-01 | 图纸比例 | 1:150 | 名称 | | 编号 | |

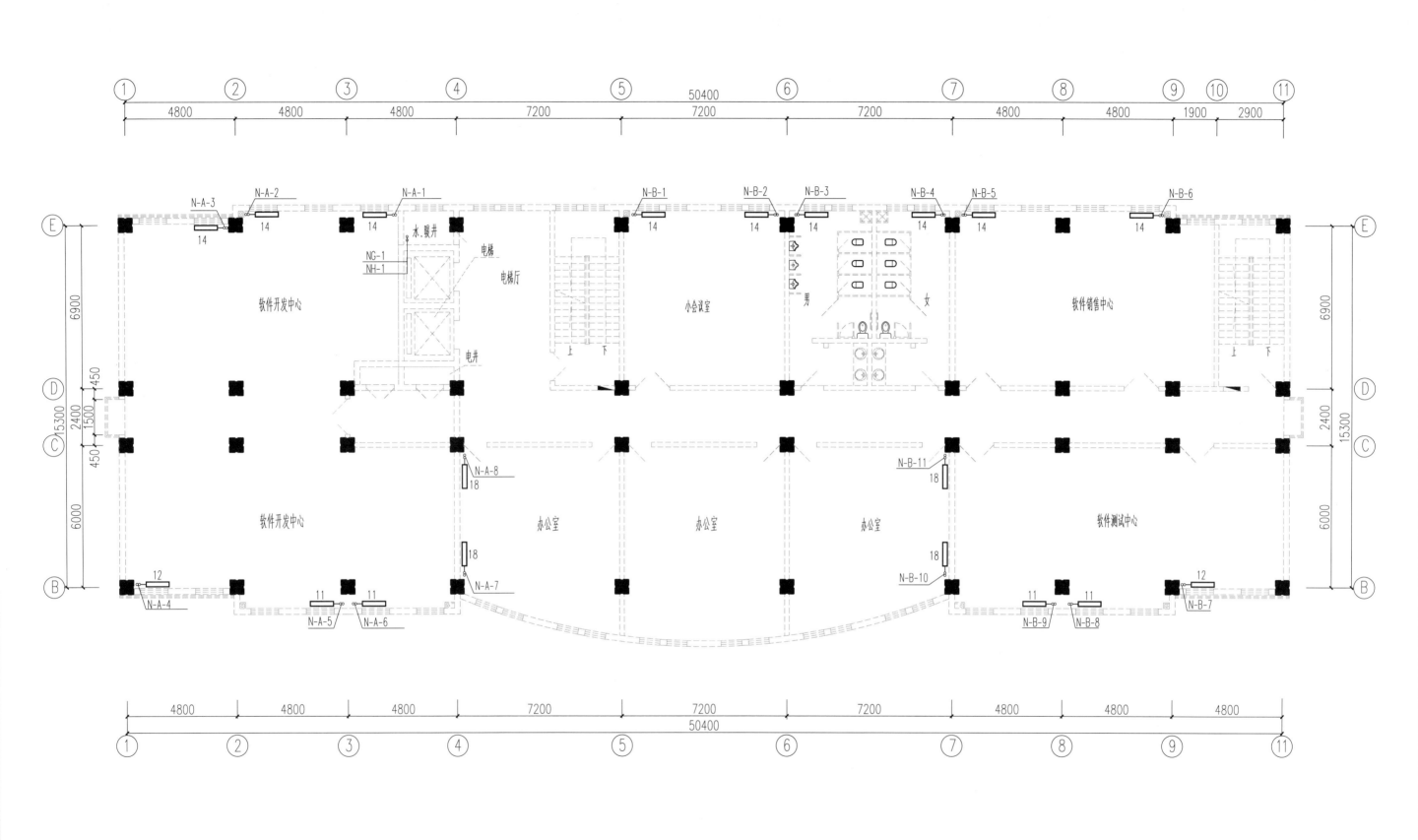

三层采暖平面图1:150

归档日期	2006-08	工程名称	广联达办公大厦	图纸名称	三层采暖平面图	图纸编号	水施-19
工程编号	GLD06-01	图纸比例	1:150				

21

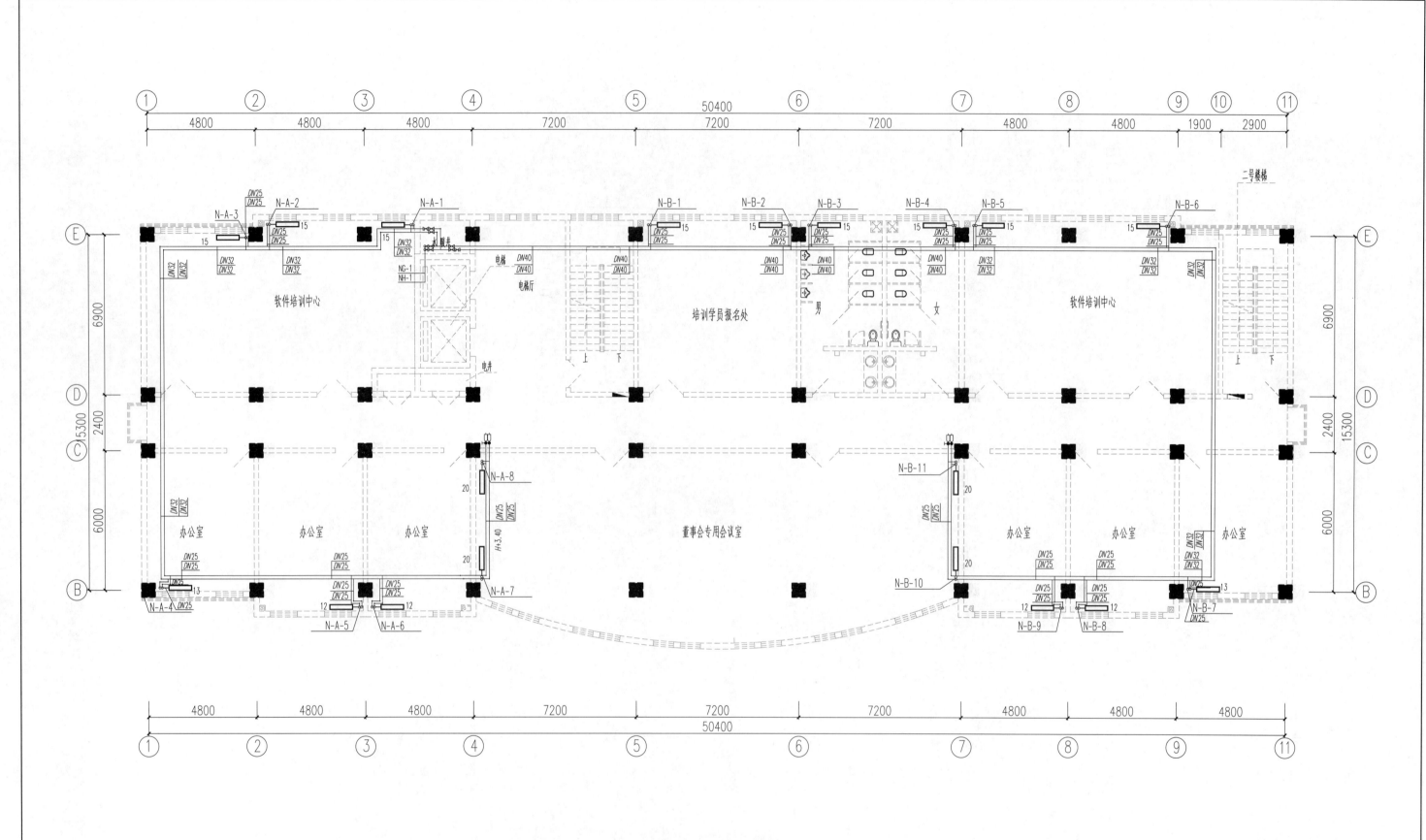

四层采暖平面图 1:150

归档日期	2006-08	工程名称	广联达办公大厦	图纸	四层采暖平面图	图纸	水施-20
工程编号	GLD06-01	图纸比例	1:150	名称		编号	

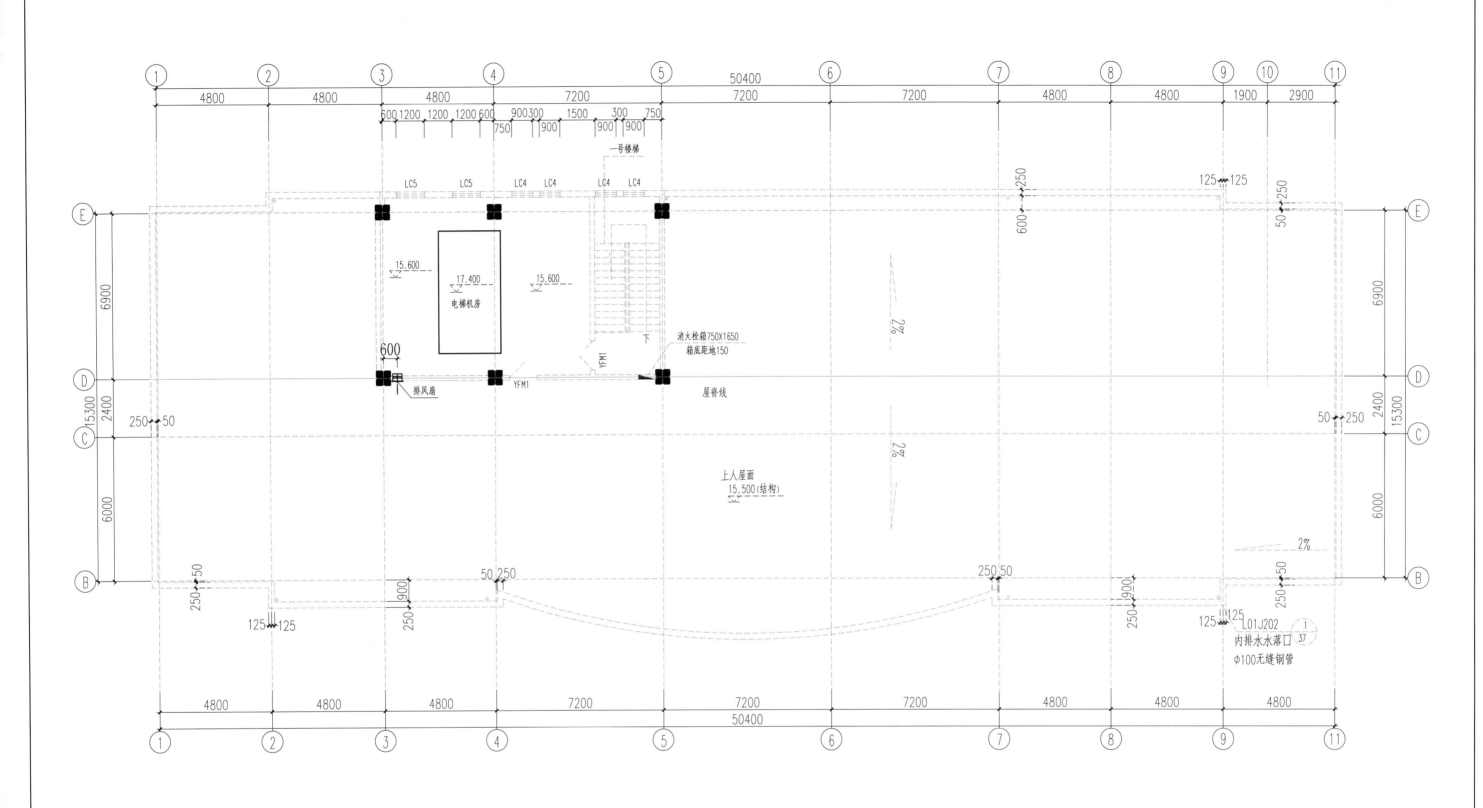

机房层通风平面图 1:150

机房层门窗规格及门窗数量一览表

编号	名称	规格	数量
YFM1	钢质乙级防火门	1200×2100	2
LC4	铝塑上悬窗	900×1800	4
LC5	铝塑上悬窗	1200×1800	2

归档日期	2006-08	工程名称	广联达办公大厦	图纸 名称	机房层通风平面图	图纸 编号	水施-21
工程编号	GLD06-01	图纸比例	1:150				

电气专业图例表（一）

图例	名称	型号、规格	安装方式及高度	备注
	单管荧光灯	1×36W，cosφ≥0.9	链吊，底距地2.6m	
	双管荧光灯	2×36W，cosφ≥0.9	链吊，底距地2.6m	
	壁灯	1×18W，cosφ≥0.9	明装，底距地2.5m	
	防水防尘灯	1×13W，cosφ≥0.9	吸顶安装	自带蓄电池 t≥90min
	疏散指示灯（集中蓄电池）	1×8W，LED	一般，暗装，底距地0.5m 部分，管吊，底距地2.5m	自带蓄电池 t≥90min
	安全出口指示灯（集中蓄电池）	1×8W，LED	明装，底距地2.2m	自带蓄电池 t≥90min
	墙上座灯	1×13W，cosφ≥0.9	明装，底距地2.2m	
	吸顶灯（灯头）	1×13W，cosφ≥0.9	吸顶安装	
	换气扇接线盒	86盒		
	单控单联跷板开关	250V，10A	暗装，底距地1.3m	
	单控双联跷板开关	250V，10A	暗装，底距地1.3m	
	单控三联跷板开关	250V，10A	暗装，底距地1.3m	
	单相二、三极插座	250V，10A	暗装，底距地0.3m	
	单相三极插座	250V，16A	暗装，底距地2.5m	挂机空调
	单相三极插座	250V，20A	暗装，底距地0.3m	柜机空调
	单相二、三极防水插座（加防水面板）	250V，10A	暗装，底距地0.3m	
	电话组线箱	参考尺寸见系统图	明装，底距地0.5m	
	照明配电箱	参考尺寸见系统图	户内，暗装，底距地1.8m 其他，暗装，底距地1.3m	暗明装见系统图
	动力配电箱	参考尺寸见系统图	底距地1.3m	暗明装见系统图
	应急照明配电箱	参考尺寸见系统图	明装，底距地1.3m	暗明装见系统图
	控制箱	参考尺寸见系统图	明装，底距地1.3m	暗明装见系统图
	双电源箱	参考尺寸见系统图	明装，底距地1.3m	暗明装见系统图
	户弱电箱	600(W)×400(H)×140(D)	暗装，底距地0.5m	暗明装见系统图
总等电位联结箱	146盒	暗装，底距地0.5m		
局部等电位联结箱		暗装，底距地0.3m		

| 归档日期 | 2006-08 | 工程名称 | 广联达办公大厦 | 图纸名称 | 电气专业图例表（一） | 图纸编号 | 电施-01 |
| 工程编号 | GLD06-01 | 图纸比例 | 1:100 | | | | |

电气专业图例表（二）

图例	名称	型号、规格	安装方式及高度	备注
	消防报警控制柜		落地安装	
B	消防报警控制盘		明装，底距地1.3m	
S	感烟探测器		吸顶安装	
	手动报警按钮（带电话插口）		明装，底距地1.5m	
	组合声光报警装置		明装，底距地2.2m	
	报警电话		明装，底距地1.2m	
	消火栓启泵按钮		明装，底距地1.1m	
C	控制模块		明装，底距地2.2m	
S	检测模块		明装，底距地2.2m	
	水流指示器			
	信号蝶阀		位置见给排水专业图在设备上方顶板上设接线盒，再用金属软管引到设备出线口	
⊘70°	70度防火阀			
P、P	压力开关			
	70℃防火阀		位置见暖通专业图在设备上方顶板上设接线盒，再用金属软管引到设备出线口	
	280℃防火阀			
SE	排烟口			
	报警控制器		落地安装	
	消防模块箱		明装，底距地2.2m	
XFZ	消防转接箱		明装，底距地1.5m	
TV	电视终端插座		明装，底距地0.3m	
TP	电话终端插座		主卫，明装，底距地1.0m 其他，明装，底距地0.3m	
TO	双口信息终端插座		明装，底距地0.3m	
TB	对讲室内机盒	146盒	暗装，底距地1.2m	
HJ	紧急呼叫按钮		明装，底距地0.5m	
	读卡器接线盒	86盒	暗装，底距地1.2m	
EL	电控门锁接线盒	86盒	暗装，底距地2.3m	
⊙	开门按钮接线盒	86盒	暗装，底距地1.2m	
	电视摄像机接线盒	86盒	吸顶安装	

| 归档日期 | 2006-08 | 工程名称 | 广联达办公大厦 | 图纸名称 | 电气专业图例表（二） | 图纸编号 | 电施-02 |
| 工程编号 | GLD06-01 | 图纸比例 | 1：100 | | | | |

电气施工设计说明（一）

一、工程概况

本工程在设计时更多地考虑算量和钢筋的基本知识，不是实际工程，勿照图施工。本建筑物为"广联达办公大厦"，建设地点位于北京市郊，建筑物用地概貌属于平缓场地，本建筑物为二类多层办公建筑。总建筑面积为4745.6m²，建筑层数为地下1层、地上4层，高度为檐口距地高度为15.6m。本建筑物设计标高±0.000相当于绝对标高=41.50。

二、设计依据

1. 国家现行的有关规范、规程及相关行业标准：

(1)《民用建筑设计通则》（GB 50352—2005）

(2)《低压配电设计规范》（GB 50054—95）

(3)《建筑物防雷设计规范》[GB 50057—94（2000年版）]

(4)《建筑设计防火规范》（GB 50016—2006）

(5)《建筑照明设计标准》（GB 50034—2004）

(6)《民用建筑电气设计规范》（JGJ 16—2008）

(7)《消防安全疏散标志设置标准》（DBJ01—611—2002）

(8)《火灾自动报警系统设计规范》（GB 50116—98）

(9)《综合布线系统工程设计规范》（GB 50311—2007）

(10)《有线电视系统工程技术规范》（GB 50200—94）

(11)《公共建筑节能设计标准》（GB 50189—2005）

(12)《办公建筑设计规范》（JGJ 67—2006）

2. 相关专业提供的设计资料。

3. 建设单位提供的设计条件。

三、设计范围

1. 本期建筑设计包括以下系统：

(1) 供配电系统；

(2) 照明系统；

(3) 建筑物防雷接地系统；

(4) 有线电视系统；

(5) 综合布线系统；

(6) 有线广播系统。

(7) 火灾自动报警及消防联动控制系统。

2. 由城市电网引入本工程的两路10kV线缆、室外箱式变压器和楼座接地室属城市供电部门负责，不在本设计范围内。电源分界点为本工程配电室柜进线开关，电源进建筑物的位置及过墙套管由本设计提供。

3. 由城市有线电视网和通信网引入本工程的线缆、弱电机房等由相关专业公司负责，不在本设计范围内，本工程电信和有线电视分界点在弱电机房配线架处。本工程弱电设计（除消防系统外），仅做系统设计和提控制性要求和条件，并预留相应系统竖向和水平管路以及电源插座等，待甲方对弱电设备进一步选型后，再由专业公司做具体系统和平面设计。

4. 火灾应急照明和疏散指示标志。

四、供配电系统

供配电方式：对于单台容量较大的负荷或重要负荷采用放射式配电；对一般设备采用放射式与树干式相结合的混合方式配电。

五、照明系统

1. 本工程设有正常照明、消防应急照明和消防疏散指示标志。

2. 照度标准和照明功率密度值：详细值参考低压配电设计说明。

(1) 火灾应急照明和疏散指示标志采用单回路电源配电，采用自带蓄电池灯具，其连续供电时间不小于90min。

(2) 疏散指示标志平时和火灾情况下均为常灭；火灾时自动强制点燃全部火灾应急照明灯。

(3) 火灾应急照明和疏散指示标志灯采用直流24V电源供电，光源均为高效节能灯并应符合现行国家标准《消防安全标志》（GB 13495）和《消防应急灯具》（GB 17945）的有关规定。

3. 节日/室外照明：本工程屋顶预留景观照明配电箱，由二次设计进行深化。

六、设备选型及安装

1. 电力、照明配电箱和控制箱：电力、照明配电箱和控制箱选用非标金属箱。公共区域内配电箱为墙内暗装；控制箱为挂墙明装；竖井；设备用房、照明配电箱为落地安装或墙上明装。进出线方式详见系统图。

2. 除注明外，开关、插座（均选用安全型）分别距地1.3m、0.3m暗装。卫生间内开关、插座选用防潮防溅型面板；有淋浴的卫生间开关、插座必须设在2区以外。风机、水泵等位置详见水暖专业图纸。

七、电缆、导线选择及敷设方式

1. 低压电缆采用YJV-1kV交联电力电缆。

2. 消防设备配电电缆详见消防系统图，工作温度：90℃。沿防火金属电缆线槽敷设或穿焊接钢管敷设。

3. 应急照明配电导线采用NHBV-3×2.5。均穿焊接钢管暗敷。

4. 消防线路暗敷时应在不燃烧体结构内，保护层厚度不小于30mm；暗敷时穿金属管线或封闭线槽，采取防火措施，穿越防火分区时做防火封堵。

八、建筑物防雷、接地及安全措施

1. 建筑物防雷

归档日期	2006-08	工程名称	广联达办公大厦	图纸名称	电气施工设计说明（一）	图纸编号	电施-03
工程编号	GLD06-01	图纸比例	1∶150				

电气施工设计说明（二）

（1）本期建筑按第三类防雷建筑物进行设计。

（2）接闪器：在屋顶采用φ10热镀锌圆钢做避雷带，屋顶避雷带连接线网格不大于20m×20m或24m×16m。

（3）引下线：利用建筑物钢筋混凝土柱子或剪力墙内两根φ16以上主筋通长焊接作为引下线，引下线间距平均不大于25m。所有外墙引下线在室外地面下1m处引出一根40×4热镀锌扁钢，扁钢伸出室外，距外墙皮的距离不小于1m。

（4）接地装置：本工程采用结构独立基础及拉梁内钢筋作为接地装置，另在各引下线处1m以下甩出钢筋至散水外，以便接地电阻不满足要求时补打人工接地装置。

（5）建筑物防雷引下线上端与避雷带焊接，下端与接地装置焊接。建筑物四角的外墙引下线在室外地面上0.5m处设测试卡子。

（6）凡突出屋面的所有金属构件、金属通风管、金属屋面、金属屋架等均与避雷带可靠焊接。在屋面接闪器保护范围之外的非金属物体应装接闪器，并和屋面防雷装置相连。

2. 接地及安全措施

（1）本建筑接地型式采用TN-C-S系统，电源进入总配电箱后进行重复接地，之后PE线与N线严格分开敷设。要求接地电阻不大于1Ω，实测不满足要求时，增设人工接地极。

（2）凡正常不带电，当绝缘破坏时有可能呈现电压的一切电气设备金属外壳均可靠接地。

（3）本建筑物采用总等电位联结，总等电位箱（MEB）设在楼配电室内。总等电位板由紫铜板制成。总等电位联结均采用等电位卡子，禁止在金属管道上焊接。具体做法参见国标图集《等电位联结安装》（02D501-2）。所有淋浴间及带洗浴卫生间均应进行辅助等电位联结。

（4）电源线路防雷与接地：在电源总配电柜内，屋顶配电箱和所有进入建筑物的外来线路等处设第一级浪涌保护器专用箱（SPD专用箱）；在各层箱处二级电源线路浪涌保护器专用箱（SPD专用箱）。

（5）信号线路防雷与接地：进出建筑物的信号线缆应安装浪涌保护器，具体要求按现行国家标准《建筑物电子信息系统防雷技术规范》（GB 50343—2004）执行。

九、有线电视系统

1. 本工程有线电视系统由光端机站引来，由干线、放大器、分支分配器、支线及用户终端等组成。系统采用860MHz全频双向传输，用户端电平要求（68±4）dB，图像清晰度应在四级以上。见相关弱电系统图。

2. 用户分配网络采用分配分支的分配型式，干线电缆选用SYWV-75-9，支线电缆选用SYWV-75-5。

十、综合布线系统

1. 本工程综合布线系统是将语音、数字、图像等信号的布线，经过统一的规范设计，综合在一套标准的布线系统中。具体详见相关弱电系统图。

2. 语音干线子系统采用三类缆（大对数缆）。数据干线子系统和语音数据配线子系统均采用六类四对八芯非屏蔽对绞线缆。

3. 本工程电话、宽带由电信交接间引来。

十一、火灾自动报警与消防联动控制系统

1. 消防系统由火灾自动报警系统、消防联动控制系统、消防专用电话系统、应急疏散照明系统组成。

（1）火灾自动报警系统

① 在楼梯间、走廊、办公室等场所设置感烟探测器。探测器设置要满足《火灾自动报警系统设计规范》（GB 50116—98）的要求。

② 在本建筑的各层主要出入口、疏散楼梯口及人员通道上适当位置设置手动报警按钮及消防对讲电话插口。

③ 在消火栓箱内设置消火栓按钮。

④ 火灾自动报警控制器可接收探测器的火灾报警信号及手动报警按钮、消火栓按钮的动作信号，还可接收消防水池和消防水箱的液位动作信号。

（2）消防联动控制

① 消防控制室内设置联动控制台，其控制方式分为自动/手动控制、手动硬线直接控制。通过联动控制台，可实现对消火栓系统、火灾警报系统、非消防电源、火灾应急照明和疏散标志监视及控制。

② 消火栓系统的监视与控制：

a. 消火栓加压泵的启、停控制，运行状态和故障显示；

b. 消火栓稳压泵均可由压力开关自动/手动控制；

c. 消火栓按钮动作直接启动消火栓加压泵；消火栓启泵按钮的位置显示；

d. 通过硬线手动直接启动消火栓加压泵；

e. 消防泵房可手动启动消火栓加压泵；

f. 消防控制室能显示消火栓加压泵的电源状况；

g. 监视消防水池、消防水箱的水位。

③ 非消防电源、火灾应急照明和疏散标志灯监视及控制：消防控制室在确认火灾后，应切断有关部位的非消防电源，并接通警报装置。

④ 消防专用电话系统：在手动报警按钮上设置消防专用电话塞孔。

2. 消防线路选型及敷设方式

消防控制、通信和警报线路暗敷设时，应穿管并应敷设在不燃烧体结构内且保护层厚度不应小于30mm；明敷设时，应穿有防火保护的金属管或有防火保护的封闭金属线槽。火灾自动报警系统的传输线路应采用穿金属管、经阻燃处理的硬质塑料管或封闭式线槽保护方式布线。

| 归档日期 | 2006-08 | 工程名称 | 广联达办公大厦 | 图纸名称 | 电气施工设计说明（二） | 图纸编号 | 电施-04 |
| 工程编号 | GLD06-01 | 图纸比例 | 1：150 | | | | |

电气施工设计说明（三）

十二、电气节能设计

1. 正确进行负荷计算，提高供电系统的功率因数，且有效进行谐波治理；变配电系统应选用节能设备，并正确选定装机容量；合理选择变配电所位置；正确选择导线截面和线路的敷设方案。

2. 设计中，尽可能将非线性负荷放置于配电系统的上游，谐波较严重且功率较大的设备应从变压器出现侧起采用专线供电。

3. 配电系统的节能措施

(1) 低压电器的节能低压电器在配电系统中大量采用，虽然每个低压电器耗电量并不大，但由于用量大（如接触器、热继电器、熔断器和信号灯等），总的耗电量也是很大的。因此，应采用成熟、有效、可靠的节电型低压电器。

(2) 低压配电系统选择的电缆、电线截面不得低于设计值，每芯导体电阻值应符合《建筑节能工程施工质量验收规范》（GB 50411—2007）表 12.2.2 的规定。

十三、其他需要说明的问题

1. 本施工图文件在施工前必须由施工方、监理方和建设方进行必要的审核，如发现有疏漏、错误、矛盾或不明确之处，请及时与设计人员联系研究、修改补充。

2. 本建筑设计中所提出的各种设备、主材和开关的选用，凡注明性能、规格、型号等原则上应按技术参数要求加工订货，不得任意变更设计。业主确定设备、主材和开关等厂家后，必须经设计人员进一步技术交底，并审核签字才可订货加工生产。

3. 在土建施工中，电专业要密切配合，必须要参照土建、设备等有关专业图纸。电缆线槽与风管、水管等如有相碰的地方，视现场情况做相应调整。

4. 强电与弱电插座距离大于或等于 0.5m，它们与暖气片距离大于等于 0.3m。

5. 过墙电气引入管必须做好防水处理，并应有适当的防水坡度，伸出墙外 1m。

6. 电气管线、线槽穿过建筑物伸缩缝、沉降缝时应按国标图集和 92DQ 华北标图集作有关方法施工。

7. 网络中心、计算机教室等需做防静电架空地板、机房内各类导线均在架空地板内沿金属线槽敷设，其房间内所有电设备安装高度均为距架空地板的高度。

8. 电气设备安装完毕后，对电气竖井内的电缆孔洞、预留孔洞，以及母线、电缆线槽穿防火分区、防烟分区、楼层处孔洞，均必须采用防火材料做密封处理，以满足防火要求。

9. 过墙电气引入管做法应参考 92DQ5 5-4 三式。

10. YJFAV 电力电缆（包括预分支电缆）导体工作温度均为 90℃。

11. 根据国务院签发的《建设工程质量管理条例》：

(1) 本设计文件需报县级以上人民政府建设行政主管部门或其他有关部门审查批准后，方可用于施工。

(2) 建设方应提供电源、电信、电视等市政原始资料，原始资料应真实、准确齐全。

(3) 施工单位必须按照工程设计图纸和施工技术标准施工，不得擅自修改工程设计。

(4) 建设工程竣工验收时，必须具备设计单位签署的质量合格文件。

(5) 金属线槽应采用全封闭金属线槽并采取防火保护措施，强电线槽内的消防电缆和非消防电缆中间加金属隔板。

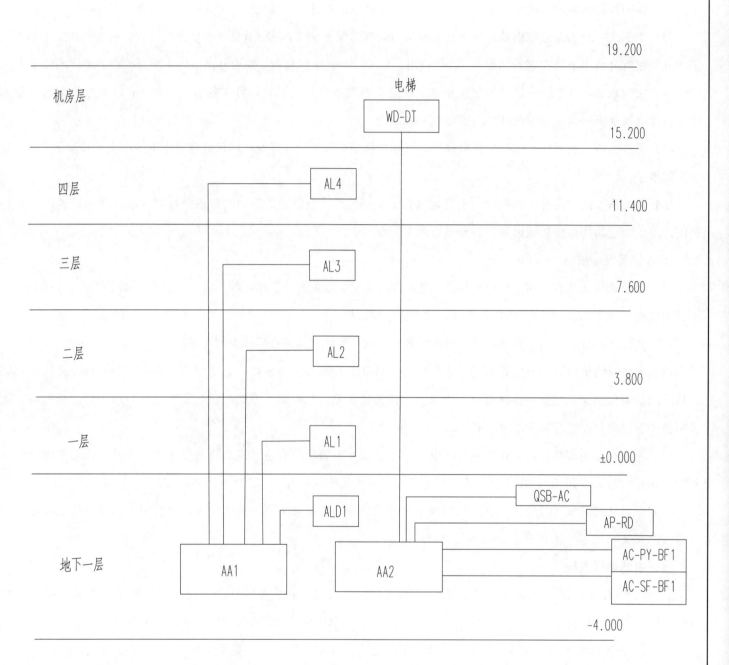

电气配电干线图

归档日期	2006-08	工程名称	广联达办公大厦	图纸名称	电气施工设计说明（三）	图纸编号	电施-05
工程编号	GLD06-01	图纸比例	1∶150				

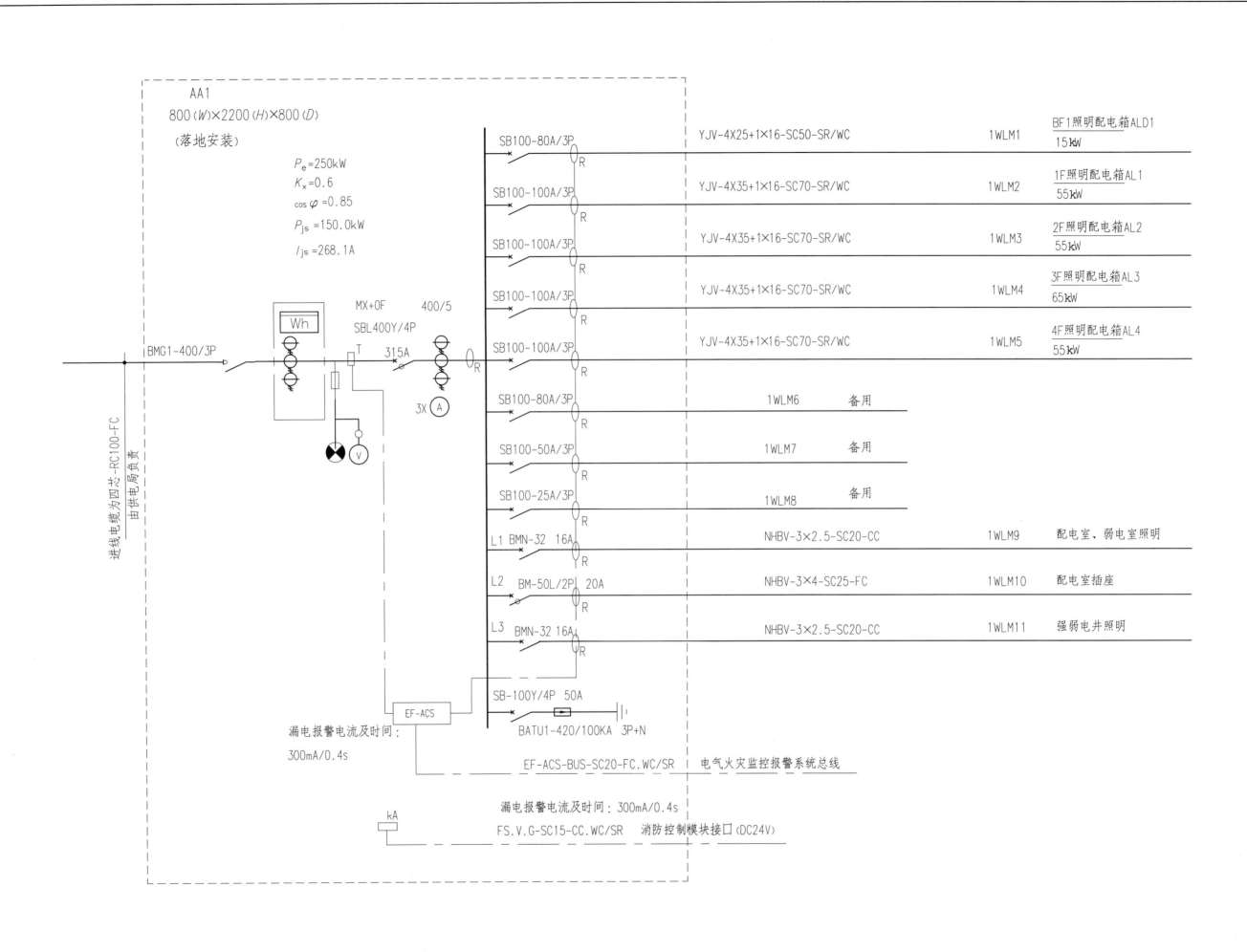

AA1
800(W)×2200(H)×800(D)
(落地安装)

$P_e = 250kW$
$K_x = 0.6$
$\cos\varphi = 0.85$
$P_{js} = 150.0kW$
$I_{js} = 268.1A$

进线电缆为四芯-RC100-FC
由供电局负责

BMG1-400/3P

Wh

MX+0F
SBL400Y/4P

T   315A   400/5

3X Ⓐ

Ⓥ

EF-ACS

漏电报警电流及时间：
300mA/0.4s

SB100-80A/3P   YJV-4X25+1×16-SC50-SR/WC   1WLM1   BF1照明配电箱ALD1 / 15kW

SB100-100A/3P   YJV-4X35+1×16-SC70-SR/WC   1WLM2   1F照明配电箱AL1 / 55kW

SB100-100A/3P   YJV-4X35+1×16-SC70-SR/WC   1WLM3   2F照明配电箱AL2 / 55kW

SB100-100A/3P   YJV-4X35+1×16-SC70-SR/WC   1WLM4   3F照明配电箱AL3 / 65kW

SB100-100A/3P   YJV-4X35+1×16-SC70-SR/WC   1WLM5   4F照明配电箱AL4 / 55kW

SB100-80A/3P   1WLM6   备用

SB100-50A/3P   1WLM7   备用

SB100-25A/3P   1WLM8   备用

L1 BMN-32 16A   NHBV-3×2.5-SC20-CC   1WLM9   配电室、弱电室照明

L2 BM-50L/2P 20A   NHBV-3×4-SC25-FC   1WLM10   配电室插座

L3 BMN-32 16A   NHBV-3×2.5-SC20-CC   1WLM11   强弱电井照明

SB-100Y/4P 50A
BATU1-420/100KA 3P+N

EF-ACS-BUS-SC20-FC.WC/SR   电气火灾监控报警系统总线

漏电报警电流及时间：300mA/0.4s
kA
FS.V.G-SC15-CC.WC/SR   消防控制模块接口（DC24V）

| 归档日期 | 2006-08 | 工程名称 | 广联达办公大厦 | 图纸名称 | 配电箱柜系统图（一） | 图纸编号 | 电施-06 |
| 工程编号 | GLD06-01 | 图纸比例 | 1：100 | | | | |

29

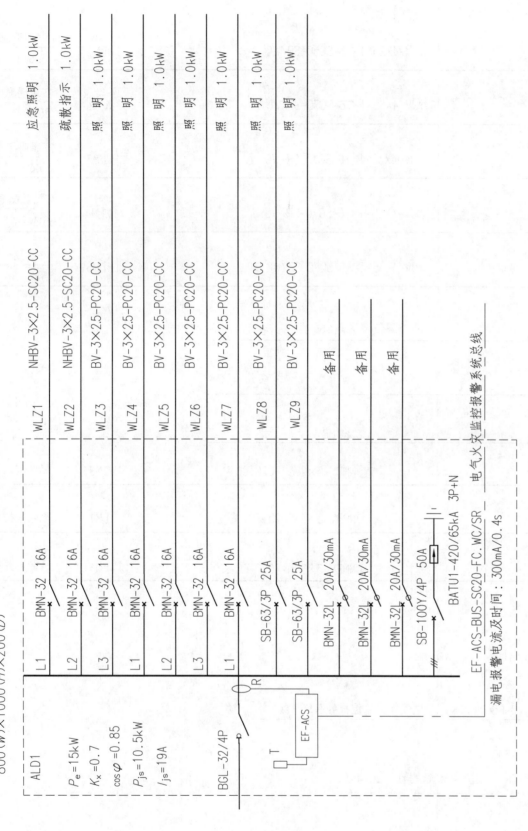

照明配电箱　距地1.3m明装

800 (W)×1000 (D)

ALD1

$P_e = 15\text{kW}$
$K_x = 0.7$
$\cos\varphi = 0.85$
$P_{js} = 10.5\text{kW}$
$I_{js} = 19\text{A}$

BGL-32/4P

BMN-32　16A	L1	WLZ1	NHBV-3×2.5-SC20-CC	应急照明　1.0kW
BMN-32　16A	L2	WLZ2	NHBV-3×2.5-SC20-CC	疏散指示　1.0kW
BMN-32　16A	L3	WLZ3	BV-3×2.5-PC20-CC	照　明　1.0kW
BMN-32　16A	L1	WLZ4	BV-3×2.5-PC20-CC	照　明　1.0kW
BMN-32　16A	L2	WLZ5	BV-3×2.5-PC20-CC	照　明　1.0kW
BMN-32　16A	L3	WLZ6	BV-3×2.5-PC20-CC	照　明　1.0kW
BMN-32　16A	L1	WLZ7	BV-3×2.5-PC20-CC	照　明　1.0kW
SB-63/3P　25A		WLZ8	BV-3×2.5-PC20-CC	照　明　1.0kW
SB-63/3P　25A		WLZ9	BV-3×2.5-PC20-CC	照　明　1.0kW
BMN-32L　20A/30mA			备用	
BMN-32L　20A/30mA			备用	
BMN-32L　20A/30mA			备用	
SB-100Y/4P　50A			电气火灾监控报警系统总线	
BATU1-420/65kA　3P+N			EF-ACS-BUS-SC20-FC.WC/SR	

漏电报警电流设定时间：300mA/0.4s

EF-ACS

注.1.控制原理详见《华北标准图集92DQZ1》。
　2.热继电器采用过载报警方案。
　3.断路器仅要求为短路保护。
　4.控制箱所引出管线随设备自带，本工程仅计算至控制箱。

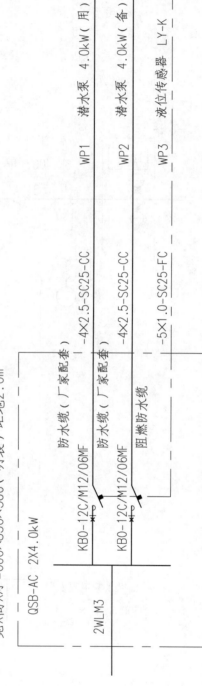

潜水泵控制箱

宽×高×厚=600×850×300（明装）距地2.0m

QSB-AC　2X4.0kW

2WLM3

KB0-12C/M12/06MF		WP1	潜水泵　4.0kW（用）	防水缆（厂家配套）-4×2.5-SC25-CC
KB0-12C/M12/06MF		WP2	潜水泵　4.0kW（备）	防水缆（厂家配套）-4×2.5-SC25-CC
		WP3	液位传感器　LY-K	阻燃防水缆　-5×1.0-SC25-FC

归档日期	2006-08	工程名称	广联达办公大厦	图纸名称	配电箱柜系统图（二）	图纸编号	电施-07
工程编号	GLD06-01	图纸比例	1:100				

照明配电箱　距地1m明装
800(W)X1000(H)X200(D)

AL1　BGL-125/4P

负荷名称	导线规格	回路编号	相	开关
应急照明 1.0kW	NHBV-3×2.5-SC20-CC	WLZ1	L1	BMN-32 16A
疏散指示 1.0kW	NHBV-3×2.5-SC20-CC	WLZ2	L2	BMN-32 16A
照　明 1.0kW	BV-3×2.5-PC20-CC	WLZ3	L3	BMN-32 16A
照　明 1.0kW	BV-3×2.5-PC20-CC	WLZ4	L1	BMN-32 16A
照　明 1.0kW	BV-3×2.5-PC20-CC	WLZ5	L2	BMN-32 16A
照　明 1.0kW	BV-3×2.5-PC20-CC	WLZ6	L3	BMN-32 16A
照　明 1.0kW	BV-3×2.5-PC20-CC	WLZ7	L1	BMN-32 16A
照　明 1.0kW	BV-3×2.5-PC20-CC	WLZ8	L2	BMN-32 16A
照　明 1.0kW	BV-3×2.5-PC20-CC	WLZ9	L3	BMN-32 16A
卫生间插座 2.0kW	BV-3×4-PC25-FC	WLC1	L1	BMN-32L 20A/30mA
普通插座 2.0kW	BV-3×4-PC25-FC	WLC2	L2	BMN-32L 20A/30mA
普通插座 2.0kW	BV-3×4-PC25-FC	WLC3	L3	BMN-32L 20A/30mA
普通插座 2.0kW	BV-3×4-PC25-FC	WLC4	L1	BMN-32L 20A/30mA
普通插座 2.0kW	BV-3×4-PC25-FC	WLC5	L2	BMN-32L 20A/30mA
普通插座 2.0kW	BV-3×4-PC25-FC	WLC6	L3	BMN-32L 20A/30mA
空调插座 2.0kW	BV-3×4-PC25-FC	WLK1	L1	BMN-32L 20A/30mA
空调插座 2.0kW	BV-3×4-PC25-FC	WLK2	L2	BMN-32L 20A/30mA
空调插座 2.0kW	BV-3×4-PC25-FC	WLK3	L3	BMN-32L 20A/30mA
空调插座 2.0kW	BV-3×4-PC25-FC	WLK4	L1	BMN-32L 20A/30mA
空调插座 2.0kW	BV-3×4-PC25-FC	WLK5	L2	BMN-32L 20A/30mA
空调插座 2.0kW	BV-3×4-PC25-FC	WLK6	L3	BMN-32L 20A/30mA
空调插座 2.0kW	BV-3×4-PC25-FC	WLK7	L1	BMN-32L 20A/30mA
会议室预留配电箱 15.0kW AL1-1	BV-5×10-PC32-FC	WL1		SB-63/3P 32A
备用				SB-63/3P 25A
备用				BMN-32L 20A/30mA
备用				BMN-32L 20A/30mA
备用				BMN-32L 20A/30mA

P_e=55kW
K_x=0.7
$cos\varphi$=0.85
P_{js}=38.5kW
I_{js}=68.8A

EF-ACS
SB-100Y/4P 50A
BATU1-420/65KA 3P+N
EF-ACS-BUS-SC20-FC.WC/SR　电气火灾监控报警系统总线
漏电报警电流及时间：300mA/0.4s

归档日期	2006-08	工程名称	广联达办公大厦	图纸名称	配电箱柜系统图（三）	图纸编号	电施-08
工程编号	GLD06-01	图纸比例	1：100				

照明配电箱　距地1m 明装
800 (W) X1000 (H) X200 (D)

AL2

BGL-125/4P

P_e =55kW
K_x =0.7
$\cos\varphi$ =0.85
P_{js} =38.5kW
I_{js} =68.8A

EF-ACS

相	断路器	回路编号	导线规格	用途
L1	BMN-32 16A	WLZ1	NHBV-3×2.5-SC20-CC	应急照明 1.0kW
L2	BMN-32 16A	WLZ2	NHBV-3×2.5-SC20-CC	疏散指示 1.0kW
L3	BMN-32 16A	WLZ3	BV-3×2.5-PC20-CC	照 明 1.0kW
L1	BMN-32 16A	WLZ4	BV-3×2.5-PC20-CC	照 明 1.0kW
L2	BMN-32 16A	WLZ5	BV-3×2.5-PC20-CC	照 明 1.0kW
L3	BMN-32 16A	WLZ6	BV-3×2.5-PC20-CC	照 明 1.0kW
L1	BMN-32 16A	WLZ7	BV-3×2.5-PC20-CC	照 明 1.0kW
L2	BMN-32 16A	WLZ8	BV-3×2.5-PC20-CC	照 明 1.0kW
L3	BMN-32 16A	WLZ9	BV-3×2.5-PC20-CC	照 明 1.0kW
L1	BMN-32 16A	WLZ10	BV-3×2.5-PC20-CC	照 明 1.0kW
L2	BMN-32 16A	WLZ11	BV-3×2.5-PC20-CC	照 明 1.0kW
L1	BMN-32L 20A/30mA	WLC1	BV-3×4-PC25-FC	卫生间插座 2.0kW
L2	BMN-32L 20A/30mA	WLC2	BV-3×4-PC25-FC	普通插座 2.0kW
L3	BMN-32L 20A/30mA	WLC3	BV-3×4-PC25-FC	普通插座 2.0kW
L1	BMN-32L 20A/30mA	WLC4	BV-3×4-PC25-FC	普通插座 2.0kW
L2	BMN-32L 20A/30mA	WLC5	BV-3×4-PC25-FC	普通插座 2.0kW
L3	BMN-32L 20A/30mA	WLC6	BV-3×4-PC25-FC	普通插座 2.0kW
L1	BMN-32L 20A/30mA	WLK1	BV-3×4-PC25-FC	空调插座 2.0kW
L2	BMN-32L 20A/30mA	WLK2	BV-3×4-PC25-FC	空调插座 2.0kW
L3	BMN-32L 20A/30mA	WLK3	BV-3×4-PC25-FC	空调插座 2.0kW
L1	BMN-32L 20A/30mA	WLK4	BV-3×4-PC25-FC	空调插座 2.0kW
L2	BMN-32L 20A/30mA	WLK5	BV-3×4-PC25-FC	空调插座 2.0kW
L3	BMN-32L 20A/30mA	WLK6	BV-3×4-PC25-FC	空调插座 2.0kW
	SB-63/3P 32A	WL1	BV-5×10-PC32-FC	AL2-1 会议室预留配电箱 15.0kW
	SB-63/3P 25A			备用
	BMN-32L 20A/30mA			备用
	BMN-32L 20A/30mA			备用
	BMN-32L 20A/30mA			备用

SB-100Y/4P 50A
BATU1-420/65KA 3P+N
EF-ACS-BUS-SC20-FC.WC/SR　电气火灾监控报警系统总线
漏电报警电流灭时间：300mA/0.4S

归档日期	2006-08	工程名称	广联达办公大厦	图纸名称	配电箱柜系统图（四）	图纸编号	电施-09
工程编号	GLD06-01	图纸比例	1：100				

32

照明配电箱　距地1.3m 明装
800(W)×1000(H)×200(D)

AL3　BGL-160/4P

$P_e=65kW$
$K_x=0.7$
$\cos\varphi=0.85$
$P_{js}=45.5kW$
$I_{js}=81.3A$

相	开关	保护	回路	导线	用途
L1	BMN-32	16A	WLZ1	NHBV-3×2.5-SC20-CC	应急照明 1.0kW
L2	BMN-32	16A	WLZ2	NHBV-3×2.5-SC20-CC	疏散指示 1.0kW
L3	BMN-32	16A	WLZ3	BV-3×2.5-PC20-CC	照　明 1.0kW
L1	BMN-32	16A	WLZ4	BV-3×2.5-PC20-CC	照　明 1.0kW
L2	BMN-32	16A	WLZ5	BV-3×2.5-PC20-CC	照　明 1.0kW
L3	BMN-32	16A	WLZ6	BV-3×2.5-PC20-CC	照　明 1.0kW
L1	BMN-32	16A	WLZ7	BV-3×2.5-PC20-CC	照　明 1.0kW
L2	BMN-32	16A	WLZ8	BV-3×2.5-PC20-CC	照　明 1.0kW
L3	BMN-32	16A	WLZ9	BV-3×2.5-PC20-CC	照　明 1.0kW
L1	BMN-32L	20A/30mA	WLC1	BV-3×4-PC25-FC	卫生间插座 2.0kW
L2	BMN-32L	20A/30mA	WLC2	BV-3×4-PC25-FC	普通插座 2.0kW
L3	BMN-32L	20A/30mA	WLC3	BV-3×4-PC25-FC	普通插座 2.0kW
L1	BMN-32L	20A/30mA	WLC4	BV-3×4-PC25-FC	普通插座 2.0kW
L2	BMN-32L	20A/30mA	WLC5	BV-3×4-PC25-FC	普通插座 2.0kW
L3	BMN-32L	20A/30mA	WLC6	BV-3×4-PC25-FC	普通插座 2.0kW
L3	BMN-32L	20A/30mA	WLC7	BV-3×4-PC25-FC	普通插座 2.0kW
L1	BMN-32L	20A/30mA	WLK1	BV-3×4-PC25-FC	空调插座 2.0kW
L2	BMN-32L	20A/30mA	WLK2	BV-3×4-PC25-FC	空调插座 2.0kW
L3	BMN-32L	20A/30mA	WLK3	BV-3×4-PC25-FC	空调插座 2.0kW
L1	BMN-32L	20A/30mA	WLK4	BV-3×4-PC25-FC	空调插座 2.0kW
L2	BMN-32L	20A/30mA	WLK5	BV-3×4-PC25-FC	空调插座 2.0kW
	SB-63/3P	50A	WL1	BV-5×16-PC40-FC	AL3-1 软件开发中心预留配电箱 20.0kW
	SB-63/3P	40A	WL2	BV-5×16-PC40-FC	AL3-2 软件测试中心预留配电箱 15.0kW
	SB-63/3P	25A		备用	
	BMN-32L	20A/30mA		备用	
	BMN-32L	20A/30mA		备用	
	BMN-32L	20A/30mA		备用	

SB-100Y/4P 50A
BATU1-420/65KA 3P+N

EF-ACS
EF-ACS-BUS-SC20-FC.WC/SR 电气火灾监控报警系统总线
漏电报警电流及时间：300mA/0.4s

归档日期	2006-08	工程名称	广联达办公大厦	图纸名称	配电箱柜系统图（五）	图纸编号	电施-10
工程编号	GLD06-01	图纸比例	1:100				

照明配电箱 距地1.3m 明装
800(W)×1000(H)×200(D)

AL4

$P_e=55kW$
$K_x=0.7$
$\cos\varphi=0.85$
$P_{js}=38.5kW$
$I_{js}=68.8A$

BGL-125/4P

负荷	电缆型号	回路编号	开关	相序
应急照明 1.0kW	NHBV-3×2.5-SC20-CC	WLZ1	BMN-32 16A	L1
疏散指示 1.0kW	NHBV-3×2.5-SC20-CC	WLZ2	BMN-32 16A	L2
照　明 1.0kW	BV-3×2.5-PC20-CC	WLZ3	BMN-32 16A	L3
照　明 1.0kW	BV-3×2.5-PC20-CC	WLZ4	BMN-32 16A	L1
照　明 1.0kW	BV-3×2.5-PC20-CC	WLZ5	BMN-32 16A	L2
照　明 1.0kW	BV-3×2.5-PC20-CC	WLZ6	BMN-32 16A	L3
照　明 1.0kW	BV-3×2.5-PC20-CC	WLZ7	BMN-32 16A	L1
备用			BMN-32 16A	L2
卫生间插座 2.0kW	BV-3×4-PC25-FC	WLC1	BMN-32L 20A/30mA	L1
普通插座 2.0kW	BV-3×4-PC25-FC	WLC2	BMN-32L 20A/30mA	L2
普通插座 2.0kW	BV-3×4-PC25-FC	WLC3	BMN-32L 20A/30mA	L3
普通插座 2.0kW	BV-3×4-PC25-FC	WLC4	BMN-32L 20A/30mA	L1
备用			BMN-32L 20A/30mA	L2
备用			BMN-32L 20A/30mA	L3
空调插座 2.0kW	BV-3×4-PC25-FC	WLK1	BMN-32L 20A/30mA	L1
空调插座 2.0kW	BV-3×4-PC25-FC	WLK2	BMN-32L 20A/30mA	L2
空调插座 2.0kW	BV-3×4-PC25-FC	WLK3	BMN-32L 20A/30mA	L3
空调插座 2.0kW	BV-3×4-PC25-FC	WLK4	BMN-32L 20A/30mA	L1
空调插座 2.0kW	BV-3×4-PC25-FC	WLK5	BMN-32L 20A/30mA	L2
备用		WLK6	BMN-32L 20A/30mA	L3
软件培训中心预留配电箱 15.0kW	BV-5×10-PC32-FC	WL1	SB-63/3P 32A	AL4-1
软件培训中心预留配电箱 15.0kW	BV-5×10-PC32-FC	WL2	SB-63/3P 32A	AL4-2
董事会会议室预留配电箱 20.0kW	BV-5×16-PC40-FC	WL2	SB-63/3P 50A	AL4-3
备用			BMN-32L 20A/30mA	
备用			BMN-32L 20A/30mA	
备用			BMN-32L 20A/30mA	

SB-100Y/4P 50A
BATU1-420/65KA 3P+N

EF-ACS

EF-ACS-BUS-SC20-FC.WC/SR　电气火灾监控报警系统总线
漏电报警电流灭灭时间：300mA/0.4s

归档日期	2006-08	工程名称	广联达办公大厦	图纸名称	配电箱柜系统图（六）	图纸编号	电施-11
工程编号	GLD06-01	图纸比例	1：100				

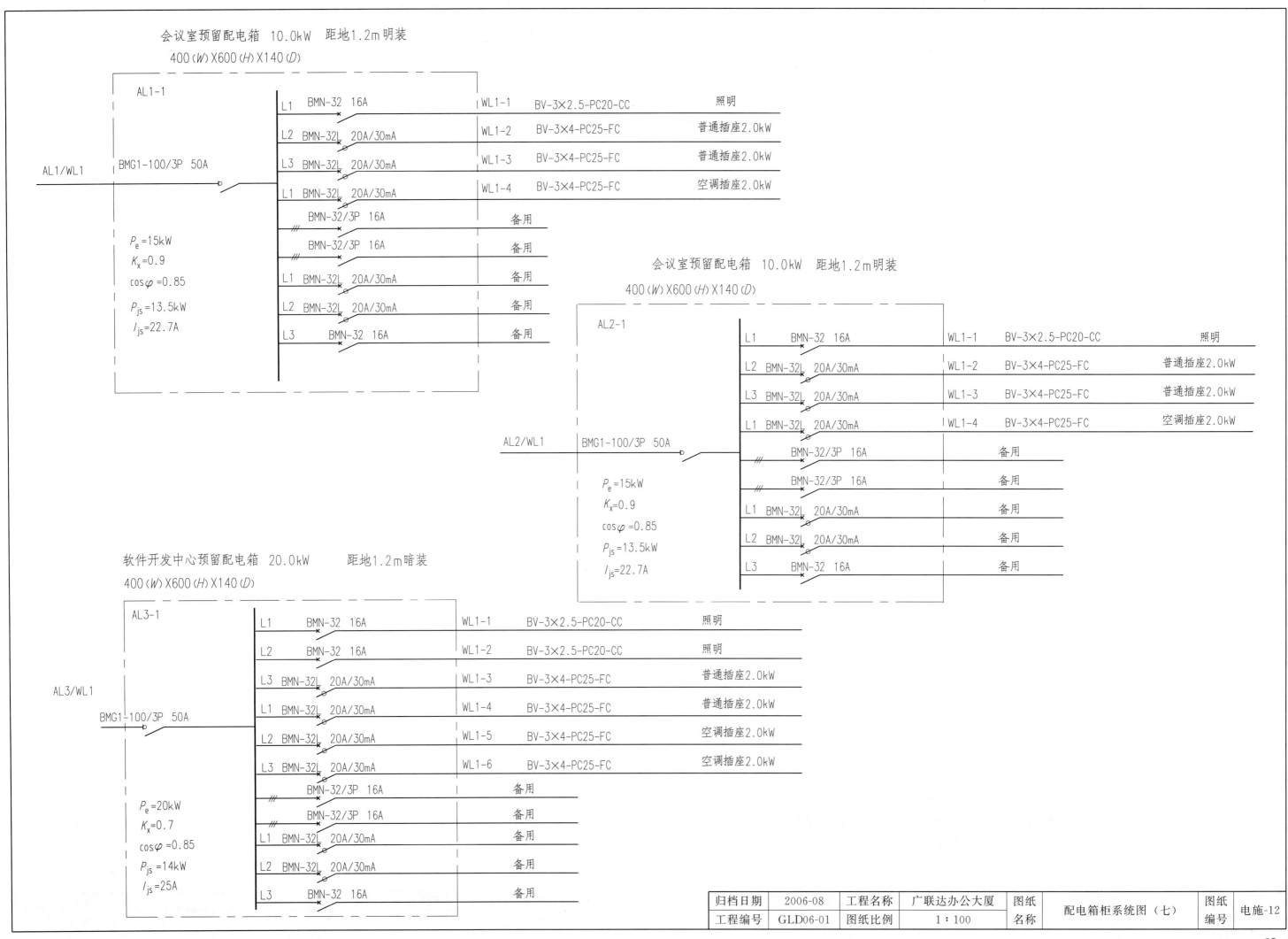

会议室预留配电箱 10.0kW 距地1.2m明装
400(W)X600(H)X140(D)

AL1-1

L1	BMN-32 16A	WL1-1	BV-3×2.5-PC20-CC	照明
L2	BMN-32L 20A/30mA	WL1-2	BV-3×4-PC25-FC	普通插座2.0kW
L3	BMN-32L 20A/30mA	WL1-3	BV-3×4-PC25-FC	普通插座2.0kW
L1	BMN-32L 20A/30mA	WL1-4	BV-3×4-PC25-FC	空调插座2.0kW
	BMN-32/3P 16A		备用
	BMN-32/3P 16A		备用
L1	BMN-32L 20A/30mA		备用
L2	BMN-32L 20A/30mA		备用
L3	BMN-32 16A		备用

AL1/WL1   BMG1-100/3P 50A

P_e=15kW
K_x=0.9
$\cos\varphi$=0.85
P_{js}=13.5kW
I_{js}=22.7A

会议室预留配电箱 10.0kW 距地1.2m明装
400(W)X600(H)X140(D)

AL2-1

L1	BMN-32 16A	WL1-1	BV-3×2.5-PC20-CC	照明
L2	BMN-32L 20A/30mA	WL1-2	BV-3×4-PC25-FC	普通插座2.0kW
L3	BMN-32L 20A/30mA	WL1-3	BV-3×4-PC25-FC	普通插座2.0kW
L1	BMN-32L 20A/30mA	WL1-4	BV-3×4-PC25-FC	空调插座2.0kW
	BMN-32/3P 16A		备用
	BMN-32/3P 16A		备用
L1	BMN-32L 20A/30mA		备用
L2	BMN-32L 20A/30mA		备用
L3	BMN-32 16A		备用

AL2/WL1   BMG1-100/3P 50A

P_e=15kW
K_x=0.9
$\cos\varphi$=0.85
P_{js}=13.5kW
I_{js}=22.7A

软件开发中心预留配电箱 20.0kW 距地1.2m暗装
400(W)X600(H)X140(D)

AL3-1

L1	BMN-32 16A	WL1-1	BV-3×2.5-PC20-CC	照明
L2	BMN-32 16A	WL1-2	BV-3×2.5-PC20-CC	照明
L3	BMN-32L 20A/30mA	WL1-3	BV-3×4-PC25-FC	普通插座2.0kW
L1	BMN-32L 20A/30mA	WL1-4	BV-3×4-PC25-FC	普通插座2.0kW
L2	BMN-32L 20A/30mA	WL1-5	BV-3×4-PC25-FC	空调插座2.0kW
L3	BMN-32L 20A/30mA	WL1-6	BV-3×4-PC25-FC	空调插座2.0kW
	BMN-32/3P 16A		备用
	BMN-32/3P 16A		备用
L1	BMN-32L 20A/30mA		备用
L2	BMN-32L 20A/30mA		备用
L3	BMN-32 16A		备用

AL3/WL1   BMG1-100/3P 50A

P_e=20kW
K_x=0.7
$\cos\varphi$=0.85
P_{js}=14kW
I_{js}=25A

| 归档日期 | 2006-08 | 工程名称 | 广联达办公大厦 | 图纸名称 | 配电箱柜系统图（七） | 图纸编号 | 电施-12 |
| 工程编号 | GLD06-01 | 图纸比例 | 1：100 |

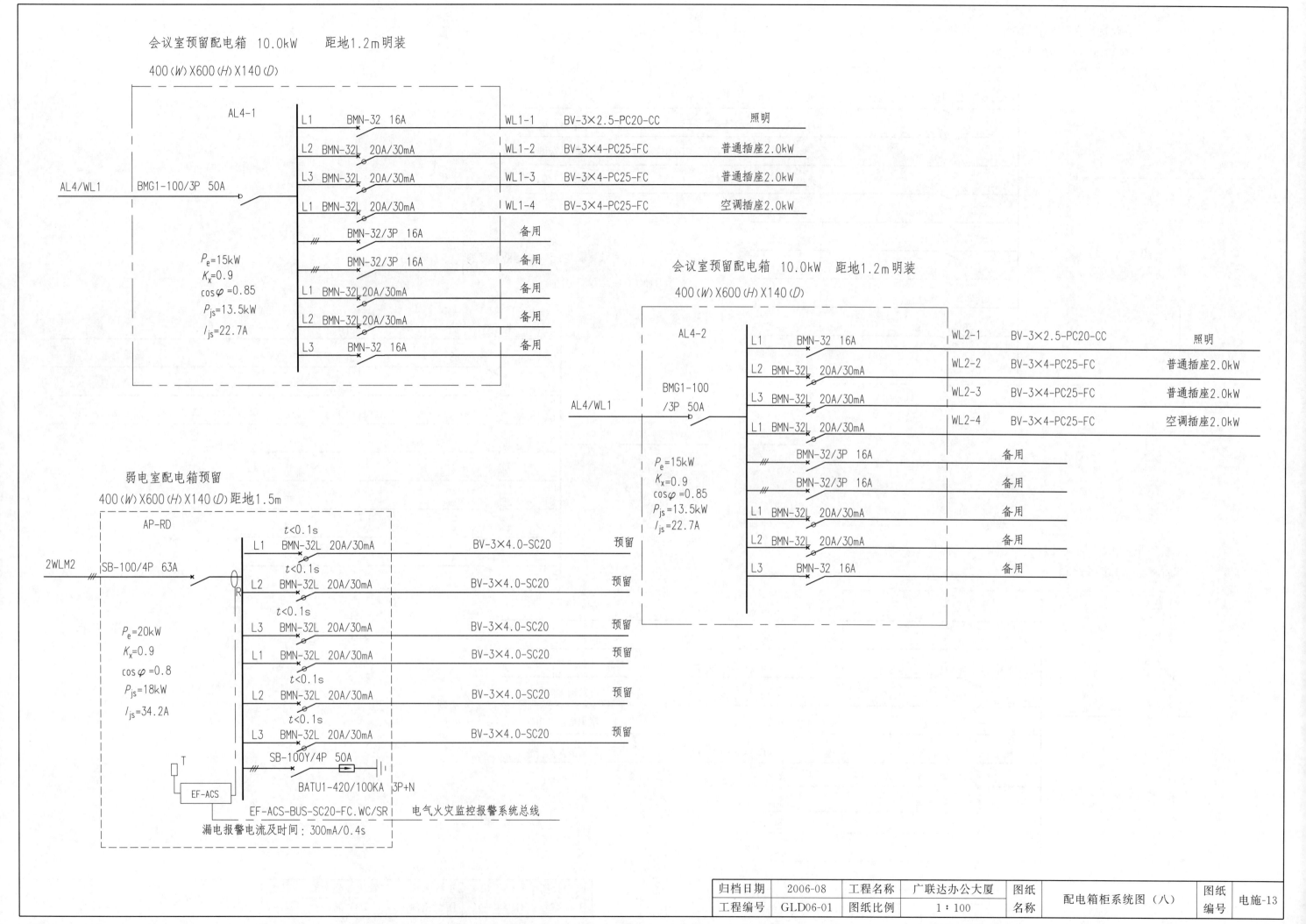

会议室预留配电箱 10.0kW 距地1.2m明装

400(W)×600(H)×140(D)

| AL4-1 | L1 | BMN-32 16A | WL1-1 | BV-3×2.5-PC20-CC | 照明 |

AL4/WL1 BMG1-100/3P 50A

L2 BMN-32L 20A/30mA WL1-2 BV-3×4-PC25-FC 普通插座2.0kW
L3 BMN-32L 20A/30mA WL1-3 BV-3×4-PC25-FC 普通插座2.0kW
L1 BMN-32L 20A/30mA WL1-4 BV-3×4-PC25-FC 空调插座2.0kW
BMN-32/3P 16A 备用
BMN-32/3P 16A 备用

P_e=15kW
K_x=0.9
$\cos\varphi$=0.85
P_{js}=13.5kW
I_{js}=22.7A

L1 BMN-32L 20A/30mA 备用
L2 BMN-32L 20A/30mA 备用
L3 BMN-32 16A 备用

会议室预留配电箱 10.0kW 距地1.2m明装

400(W)×600(H)×140(D)

| AL4-2 | L1 | BMN-32 16A | WL2-1 | BV-3×2.5-PC20-CC | 照明 |

AL4/WL1 BMG1-100 /3P 50A

L2 BMN-32L 20A/30mA WL2-2 BV-3×4-PC25-FC 普通插座2.0kW
L3 BMN-32L 20A/30mA WL2-3 BV-3×4-PC25-FC 普通插座2.0kW
L1 BMN-32L 20A/30mA WL2-4 BV-3×4-PC25-FC 空调插座2.0kW
BMN-32/3P 16A 备用
BMN-32/3P 16A 备用

P_e=15kW
K_x=0.9
$\cos\varphi$=0.85
P_{js}=13.5kW
I_{js}=22.7A

L1 BMN-32L 20A/30mA 备用
L2 BMN-32L 20A/30mA 备用
L3 BMN-32 16A 备用

弱电室配电箱预留

400(W)×600(H)×140(D)距地1.5m

AP-RD

2WLM2 SB-100/4P 63A

t<0.1s
L1 BMN-32L 20A/30mA BV-3×4.0-SC20 预留
t<0.1s
L2 BMN-32L 20A/30mA BV-3×4.0-SC20 预留
t<0.1s
L3 BMN-32L 20A/30mA BV-3×4.0-SC20 预留
L1 BMN-32L 20A/30mA BV-3×4.0-SC20 预留
t<0.1s
L2 BMN-32L 20A/30mA BV-3×4.0-SC20 预留
t<0.1s
L3 BMN-32L 20A/30mA BV-3×4.0-SC20 预留

P_e=20kW
K_x=0.9
$\cos\varphi$=0.8
P_{js}=18kW
I_{js}=34.2A

SB-100Y/4P 50A

BATU1-420/100KA 3P+N

T
EF-ACS
EF-ACS-BUS-SC20-FC.WC/SR 电气火灾监控报警系统总线
漏电报警电流及时间：300mA/0.4s

| 归档日期 | 2006-08 | 工程名称 | 广联达办公大厦 | 图纸名称 | 配电箱柜系统图（八） | 图纸编号 | 电施-13 |
| 工程编号 | GLD06-01 | 图纸比例 | 1：100 | | | | |

36

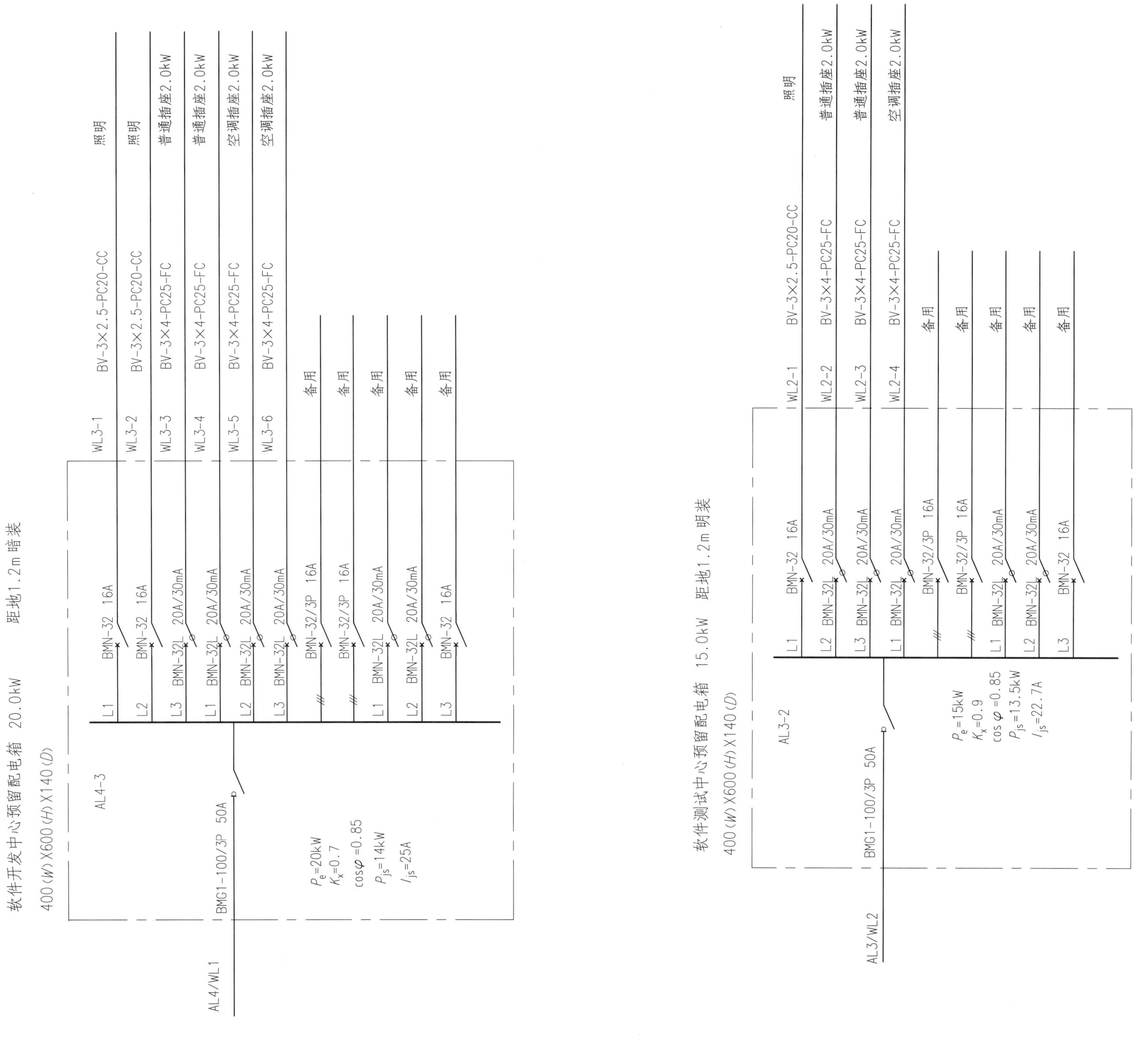

左图

软件开发中心预留配电箱 20.0kW　距地1.2m 暗装
400 (W) X600 (H) X140 (D)

AL4/WL1

BMG1-100/3P　50A

AL4-3

$P_e=20kW$
$K_x=0.7$
$\cos\varphi=0.85$
$P_{JS}=14kW$
$I_{JS}=25A$

回路	开关	名称	导线
WL3-1	L1　BMN-32 16A	照明	BV-3×2.5-PC20-CC
WL3-2	L2　BMN-32 16A	照明	BV-3×2.5-PC20-CC
WL3-3	L3　BMN-32L 20A/30mA	普通插座2.0kW	BV-3×4-PC25-FC
WL3-4	L1　BMN-32L 20A/30mA	普通插座2.0kW	BV-3×4-PC25-FC
WL3-5	L2　BMN-32L 20A/30mA	空调插座2.0kW	BV-3×4-PC25-FC
WL3-6	L3　BMN-32L 20A/30mA	空调插座2.0kW	BV-3×4-PC25-FC
	BMN-32/3P 16A	备用	
	BMN-32/3P 16A	备用	
	L1　BMN-32L 20A/30mA	备用	
	L2　BMN-32L 20A/30mA	备用	
	L3　BMN-32 16A	备用	

右图

软件测试中心预留配电箱 15.0kW　距地1.2m 明装
400 (W) X600 (H) X140 (D)

AL3/WL2

BMG1-100/3P　50A

AL3-2

$P_e=15kW$
$K_x=0.9$
$\cos\varphi=0.85$
$P_{JS}=13.5kW$
$I_{JS}=22.7A$

回路	开关	名称	导线
WL2-1	L1　BMN-32 16A	照明	BV-3×2.5-PC20-CC
WL2-2	L2　BMN-32L 20A/30mA	普通插座2.0kW	BV-3×4-PC25-FC
WL2-3	L3　BMN-32L 20A/30mA	普通插座2.0kW	BV-3×4-PC25-FC
WL2-4	L1　BMN-32L 20A/30mA	空调插座2.0kW	BV-3×4-PC25-FC
	BMN-32/3P 16A	备用	
	BMN-32/3P 16A	备用	
	L1　BMN-32L 20A/30mA	备用	
	L2　BMN-32L 20A/30mA	备用	
	L3　BMN-32 16A	备用	

| 归档日期 | 2006-08 | 工程名称 | 广联达办公大厦 | 图纸名称 | 配电箱柜系统图（九） | 图纸编号 | 电施-14 |
| 工程编号 | GLD06-01 | 图纸比例 | 1：100 | | | | |

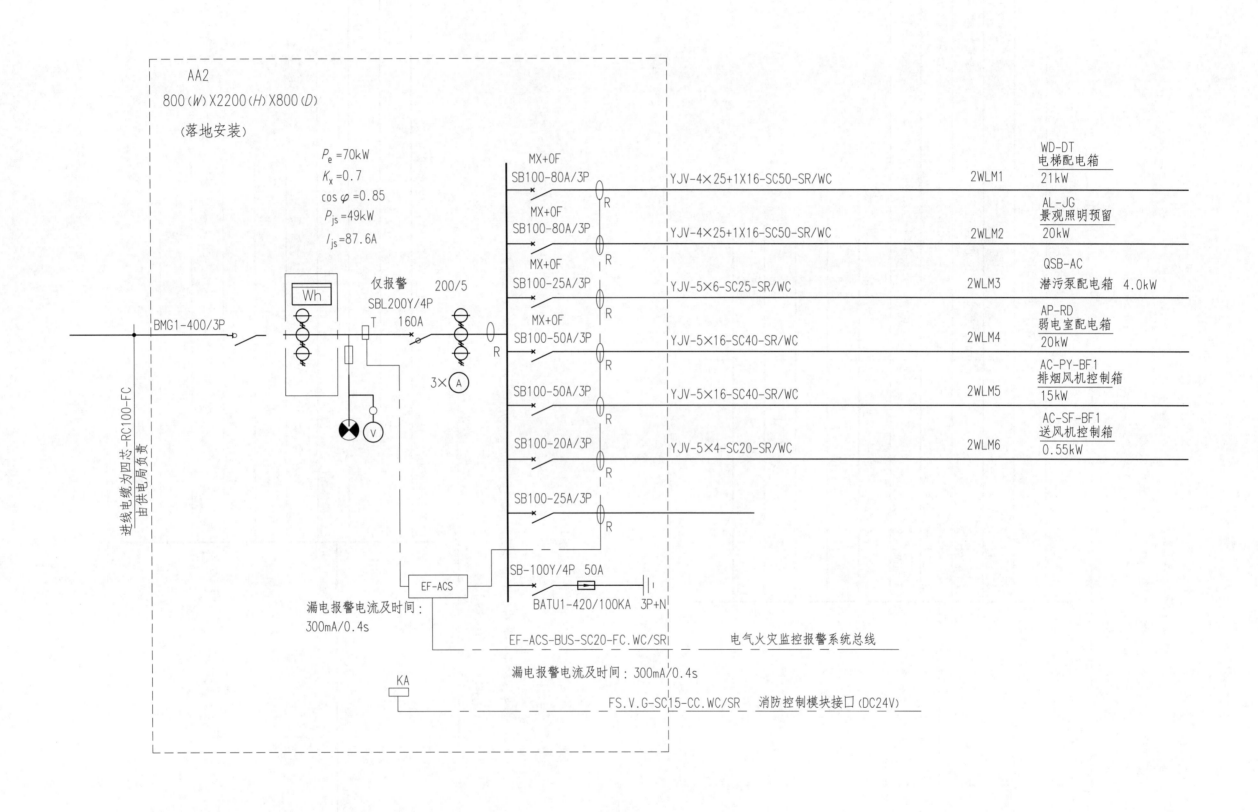

AA2
800(W)×2200(H)×800(D)
（落地安装）

$P_e = 70kW$
$K_x = 0.7$
$\cos\varphi = 0.85$
$P_{js} = 49kW$
$I_{js} = 87.6A$

Wh

仅报警
SBL200Y/4P
T
200/5
160A

3×Ⓐ

BMG1-400/3P

进线电缆为四芯-RC100-FC
由供电局负责

MX+0F
SB100-80A/3P   YJV-4×25+1X16-SC50-SR/WC   R   2WLM1   WD-DT 电梯配电箱 21kW

MX+0F
SB100-80A/3P   YJV-4×25+1X16-SC50-SR/WC   R   2WLM2   AL-JG 景观照明预留 20kW

MX+0F
SB100-25A/3P   YJV-5×6-SC25-SR/WC   R   2WLM3   QSB-AC 潜污泵配电箱 4.0kW

MX+0F
SB100-50A/3P   YJV-5×16-SC40-SR/WC   R   2WLM4   AP-RD 弱电室配电箱 20kW

SB100-50A/3P   YJV-5×16-SC40-SR/WC   R   2WLM5   AC-PY-BF1 排烟风机控制箱 15kW

SB100-20A/3P   YJV-5×4-SC20-SR/WC   R   2WLM6   AC-SF-BF1 送风机控制箱 0.55kW

SB100-25A/3P   R

EF-ACS

SB-100Y/4P 50A
BATU1-420/100KA 3P+N

漏电报警电流及时间：
300mA/0.4s

EF-ACS-BUS-SC20-FC.WC/SR   电气火灾监控报警系统总线

漏电报警电流及时间：300mA/0.4s

KA

FS.V.G-SC15-CC.WC/SR   消防控制模块接口(DC24V)

归档日期	2006-08	工程名称	广联达办公大厦	图纸名称	配电箱柜系统图（十）	图纸编号	电施-15
工程编号	GLD06-01	图纸比例	1：100				

电梯配电柜 计1台

宽X高X厚=600X1800X300（落地）

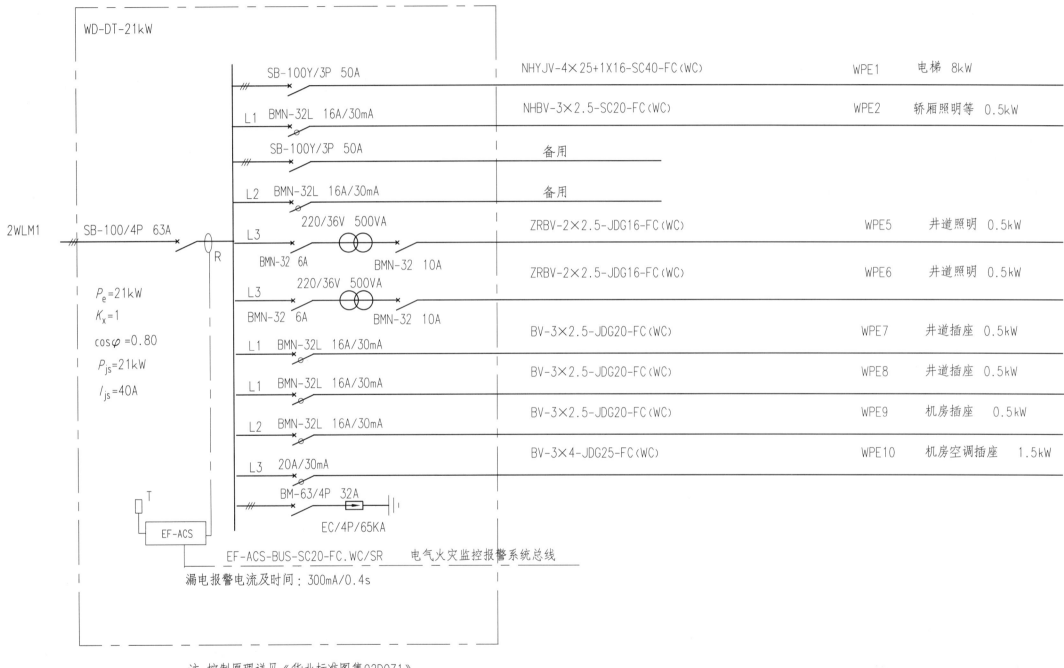

WD-DT-21kW			
SB-100Y/3P 50A	NHYJV-4×25+1X16-SC40-FC(WC)	WPE1	电梯 8kW
L1 BMN-32L 16A/30mA	NHBV-3×2.5-SC20-FC(WC)	WPE2	轿厢照明等 0.5kW
SB-100Y/3P 50A	备用		
L2 BMN-32L 16A/30mA	备用		
L3 220/36V 500VA BMN-32 6A BMN-32 10A	ZRBV-2×2.5-JDG16-FC(WC)	WPE5	井道照明 0.5kW
L3 220/36V 500VA BMN-32 6A BMN-32 10A	ZRBV-2×2.5-JDG16-FC(WC)	WPE6	井道照明 0.5kW
L1 BMN-32L 16A/30mA	BV-3×2.5-JDG20-FC(WC)	WPE7	井道插座 0.5kW
L1 BMN-32L 16A/30mA	BV-3×2.5-JDG20-FC(WC)	WPE8	井道插座 0.5kW
L2 BMN-32L 16A/30mA	BV-3×2.5-JDG20-FC(WC)	WPE9	机房插座 0.5kW
L3 20A/30mA	BV-3×4-JDG25-FC(WC)	WPE10	机房空调插座 1.5kW

2WLM1 SB-100/4P 63A R

$P_e=21kW$
$K_x=1$
$\cos\varphi=0.80$
$P_{js}=21kW$
$I_{js}=40A$

T

EF-ACS

BM-63/4P 32A
EC/4P/65KA

EF-ACS-BUS-SC20-FC.WC/SR 电气火灾监控报警系统总线

漏电报警电流及时间：300mA/0.4s

注，控制原理详见《华北标准图集92DQZ1》。

归档日期	2006-08	工程名称	广联达办公大厦	图纸 名称	配电箱柜系统图（十一）	图纸 编号	电施-16
工程编号	GLD06-01	图纸比例	1：100				

排烟风机控制箱　宽X高X厚=600X800X200（明装）距地2.0m

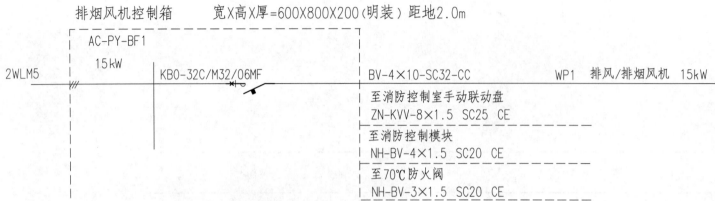

AC-PY-BF1
15kW

2WLM5　KBO-32C/M32/06MF　BV-4×10-SC32-CC　WP1　排风/排烟风机　15kW

至消防控制室手动联动盘
ZN-KVV-8×1.5 SC25 CE
至消防控制模块
NH-BV-4×1.5 SC20 CE
至70℃防火阀
NH-BV-3×1.5 SC20 CE

注, 1.控制原理详见《华北标准图集92DQZ1》。
　　2.热继电器采用过载报警方案。
　　3.控制箱所引出管线随设备自带, 本工程仅计算至控制箱。

分配器箱
底边距地0.5m
100X50线槽连接
电话转接箱
底边距地0.5m
100×50线槽连接
金属桥架 1/3处加防火隔板
CT-200×150
消防端子箱
底边距地0.5m
100×50线槽连接

照明箱
距地1.0m安装
1/3处加防火隔板
金属桥架
CT-300×100

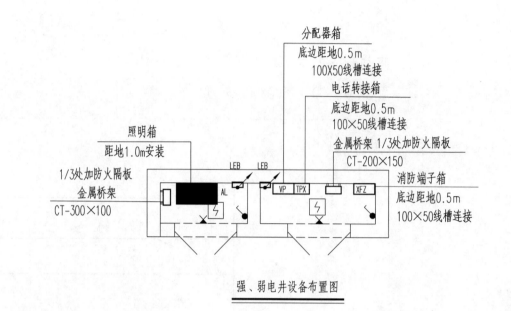

LEB　LEB
AL　VP TPX　XFZ

强、弱电井设备布置图

送风机控制箱宽X高X厚=600X800X200（明装）距地2.0m

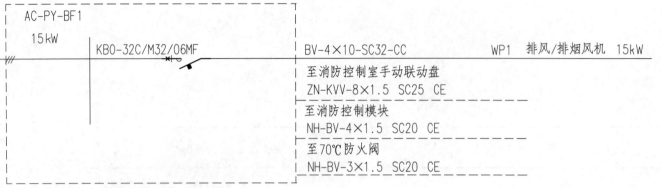

AC-SF-BF1
0.55kW

2WLM6　KBO-12C/M0.25/06MF　BV-4×2.5-SC15-CC　WP1　送风机　0.55kW

至消防控制室手动联动盘
2×ZN-KVV-8×1.5 SC25 CE
至消防控制模块
NH-BV-4×1.5 SC20 CE
至70℃防火阀
2× NH-BV-3×1.5 SC20 CE

注, 1.控制原理详见《华北标准图集92DQZ1》。
　　2.热继电器采用过载报警方案。
　　3.控制箱所引出管线随设备自带, 本工程仅计算至控制箱。

景观照明配电箱预留

400(W)X600(H)X140(D)

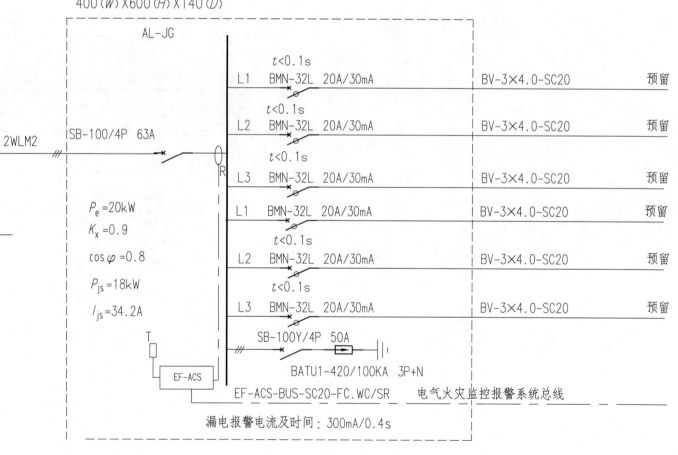

AL-JG

2WLM2　SB-100/4P 63A

P_e=20kW
K_x=0.9
$\cos\varphi$=0.8
P_{js}=18kW
I_{js}=34.2A

$t<0.1s$	L1 BMN-32L 20A/30mA	BV-3×4.0-SC20 预留
$t<0.1s$	L2 BMN-32L 20A/30mA	BV-3×4.0-SC20 预留
$t<0.1s$	L3 BMN-32L 20A/30mA	BV-3×4.0-SC20 预留
	L1 BMN-32L 20A/30mA	BV-3×4.0-SC20 预留
$t<0.1s$	L2 BMN-32L 20A/30mA	BV-3×4.0-SC20 预留
$t<0.1s$	L3 BMN-32L 20A/30mA	BV-3×4.0-SC20 预留

EF-ACS

SB-100Y/4P 50A
BATU1-420/100KA 3P+N

EF-ACS-BUS-SC20-FC.WC/SR　电气火灾监控报警系统总线

漏电报警电流及时间：300mA/0.4s

归档日期	2006-08	工程名称	广联达办公大厦	图纸名称	配电箱柜系统图（十二）	图纸编号	电施-17
工程编号	GLD06-01	图纸比例	1：100				

40

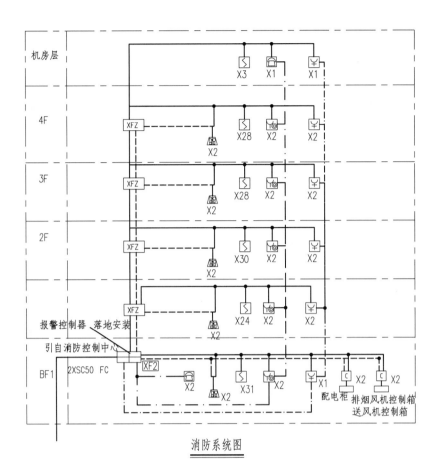

消防系统图

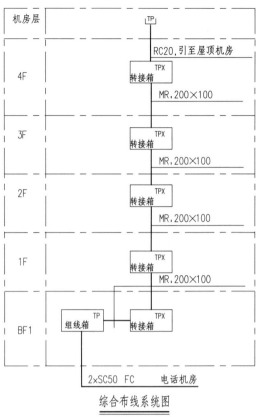

综合布线系统图
注：二次设计该箱加SPD。

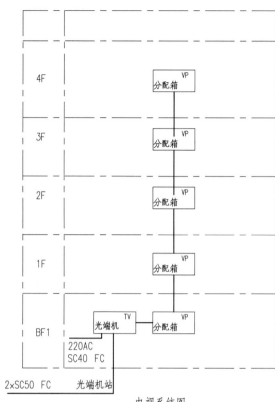

电视系统图
注：二次设计该箱加SPD。

线型说明：

地址信号线	——————	ZR-RVS-2×1.5-SC15
24V DC线	—·—·—	ZR-BV-2×2.5-SC20
消防电话线	—··—··—	ZR-RVVP-2×1.0-SC15
消火栓启泵硬接线	——————	ZR-BV-4×1.5 SC15

箱体尺寸

| 电话组线箱（明装） （弱电间内明装） | 400（W）×600（H）×160（D） |
| TPX（明装） （弱电井内明装） | 300（W）×400（H）×160（D） |

箱体尺寸

| 放大箱（集线箱） （弱电间内明装） | 400（W）×650（H）×160（D） |
| 分配器箱 （弱电井内明装） | 400（W）×650（H）×160（D） |

消防系统说明：

1. 本消防系统参考北京利达系统设计。
2. 报警信号线（FS）：RVS-2×1.5，电源线V.G RVS-2×2.5合穿JDG25沿墙、板明敷。
3. 消防总线电话（PH）：NH-2×(RVS-2×1.5)-JDG25-CS,WS。
4. 起泵回答线（D），NH-BV-4×2.5-JDG25-CS,WS。
5. 火灾探测器、报警器等以平面图数量为准。

电话及宽带系统图说明：

1. 本设计仅预埋保护钢管，不做系统设计。
2. 仅预留接线箱盒、线槽和预埋套管及穿铅丝，其他由专业公司施工。
3. 为本楼提供1组100对电话电缆。干线电话电缆由专业公司选型和施工。
4. 由组线箱至弱电箱穿金属线槽或SC管暗敷。
5. 系统支持ADSL宽带网络。

有线电视系统说明：

1. 本设计根据甲方提供的资料进行系统设计。
2. 传输方式采用850MHz邻频传输。
3. 用户端电平68±4dBμV，其他详见电施-27。
4. 有线电视系统作保护接地。
5. 由放大箱（集线箱）至弱电插座穿金属线槽或SC20暗敷。
6. 干线缆选用SYWV75-9+X，由放大箱（集线箱）引出支线电缆用SYWV75-5+UTPCAT-5。

| 归档日期 | 2006-08 | 工程名称 | 广联达办公大厦 | 图纸名称 | 弱电系统管路图 | 图纸编号 | 电施-18 |
| 工程编号 | GLD06-01 | 图纸比例 | 1：150 | | | | |

41

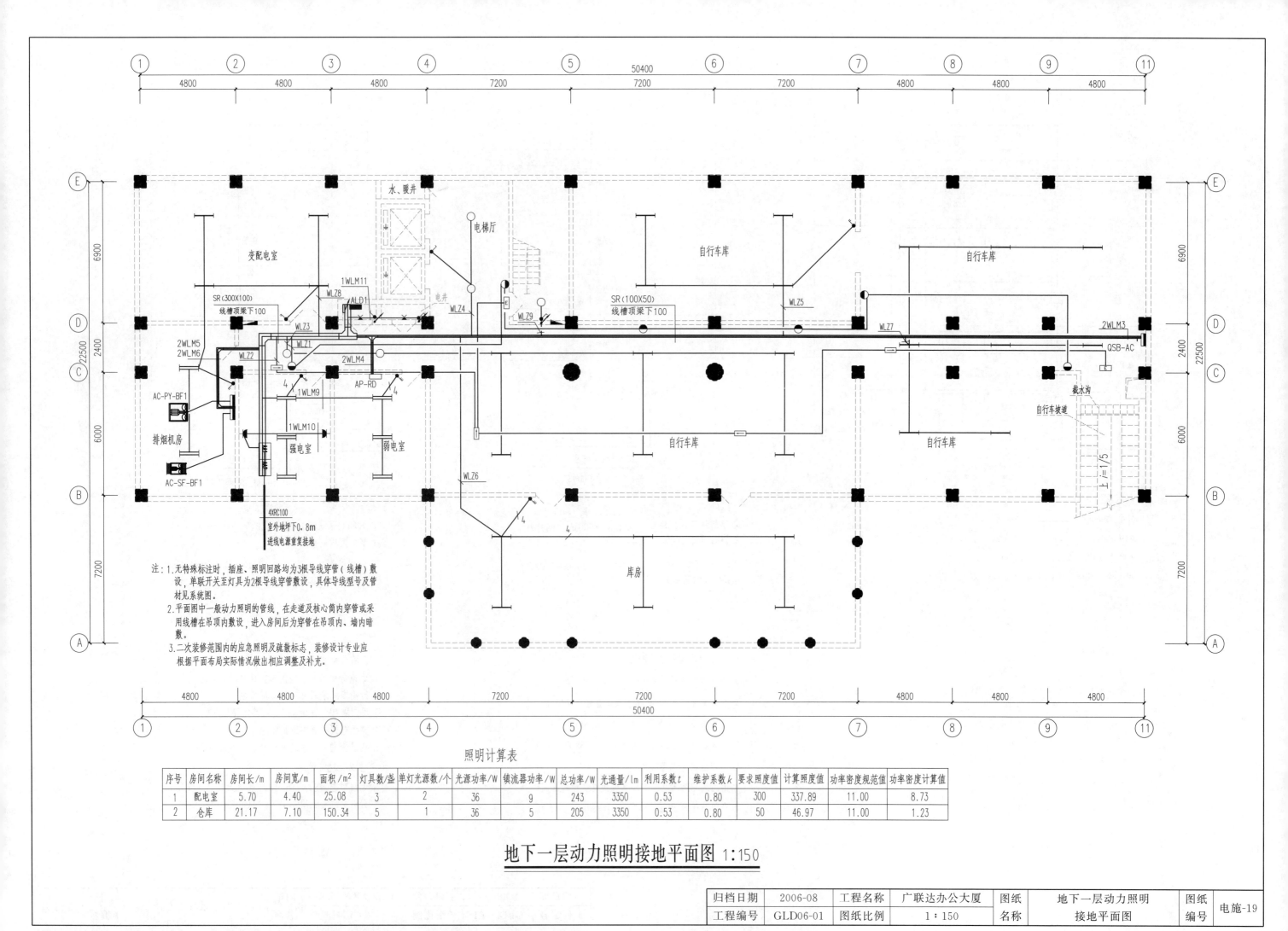

照明计算表

序号	房间名称	房间长/m	房间宽/m	面积/m²	灯具数/盏	单灯光源数/个	光源功率/W	镇流器功率/W	总功率/W	光通量/lm	利用系数 t	维护系数 k	要求照度值	计算照度值	功率密度规范值	功率密度计算值
1	配电室	5.70	4.40	25.08	3	2	36	9	243	3350	0.53	0.80	300	337.89	11.00	8.73
2	仓库	21.17	7.10	150.34	5	1	36	5	205	3350	0.53	0.80	50	46.97	11.00	1.23

地下一层动力照明接地平面图 1:150

归档日期	2006-08	工程名称	广联达办公大厦	图纸名称	地下一层动力照明接地平面图	图纸编号	电施-19
工程编号	GLD06-01	图纸比例	1:150				

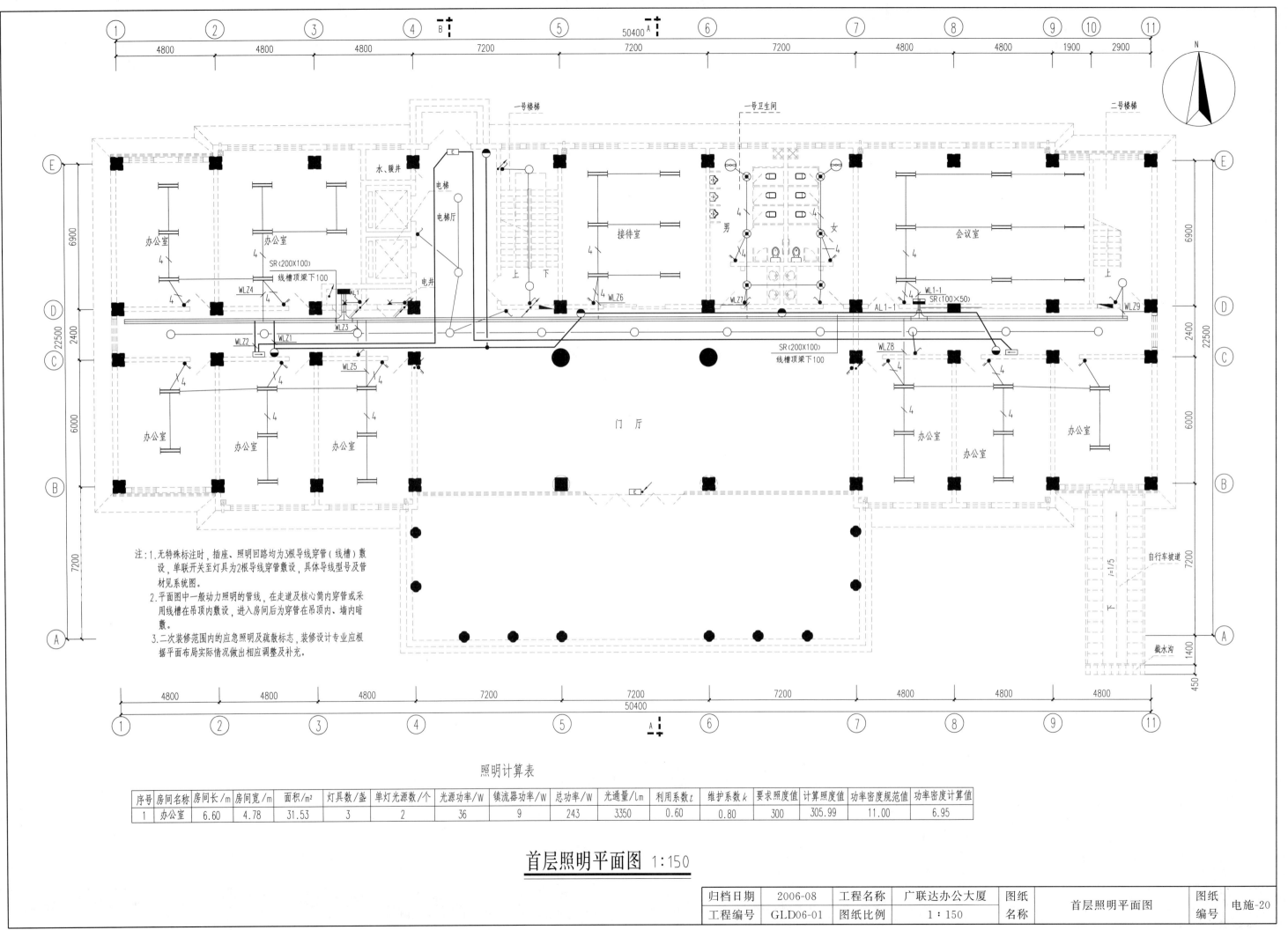

照明计算表

序号	房间名称	房间长/m	房间宽/m	面积/m²	灯具数/盏	单灯光源数/个	光源功率/W	镇流器功率/W	总功率/W	光通量/lm	利用系数 t	维护系数 k	要求照度值	计算照度值	功率密度规范值	功率密度计算值
1	办公室	6.60	4.78	31.53	3	2	36	9	243	3350	0.60	0.80	300	305.99	11.00	6.95

首层照明平面图 1:150

注:1.无特殊标注时,插座、照明回路均为3根导线穿管(线槽)敷设,单联开关至灯具为2根导线穿管敷设,具体导线型号及管材见系统图。

2.平面图中一般动力照明的管线,在走道及核心筒内穿管或采用线槽在吊顶内敷设,进入房间后为穿管在吊顶内、墙内暗敷。

3.二次装修范围内的应急照明及疏散标志,装修设计专业应根据平面布局实际情况做出相应调整及补充。

| 归档日期 | 2006-08 | 工程名称 | 广联达办公大厦 | 图纸 | 首层照明平面图 | 图纸 | 电施-20 |
| 工程编号 | GLD06-01 | 图纸比例 | 1:150 | 名称 | | 编号 | |

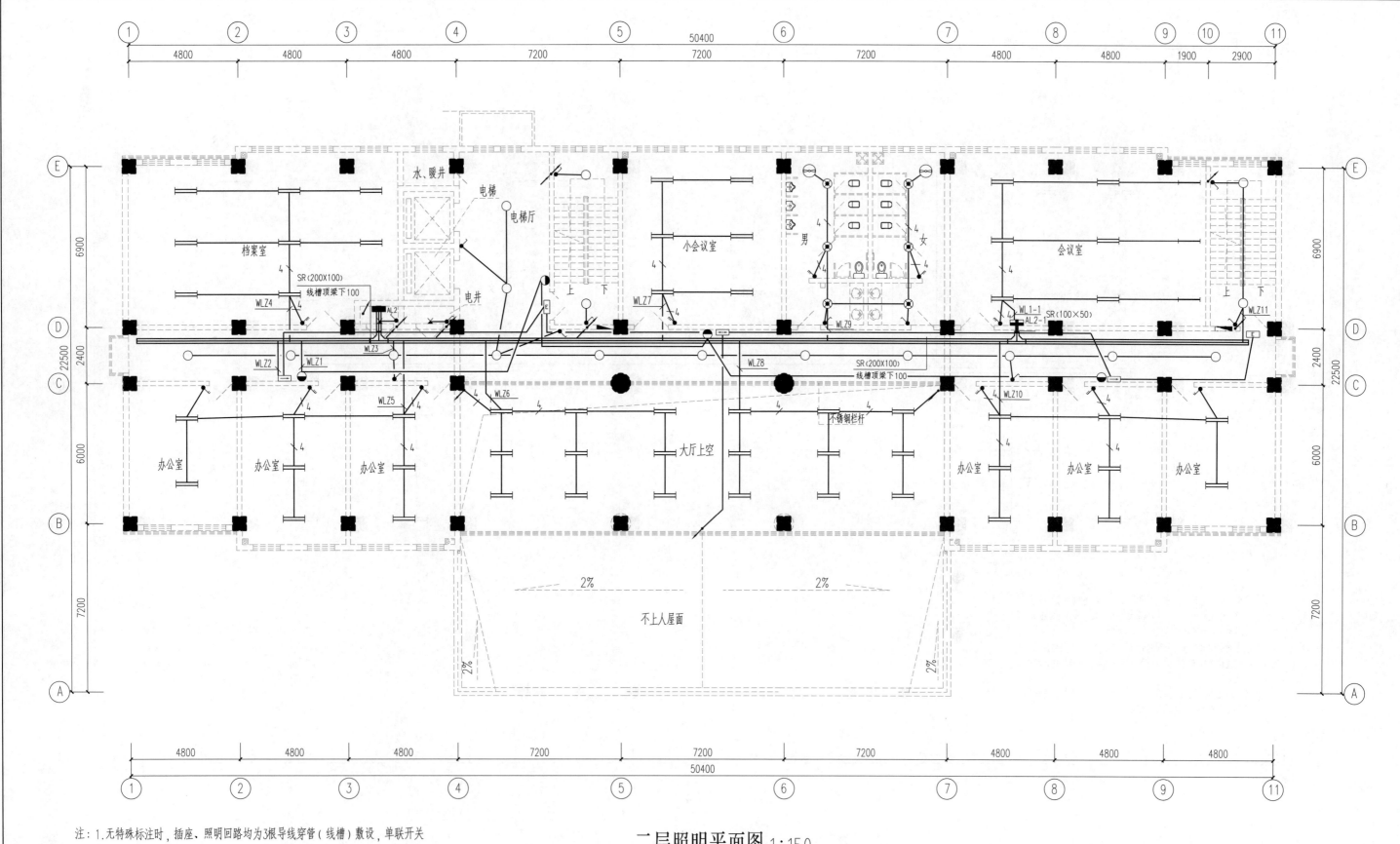

二层照明平面图 1:150

注：1.无特殊标注时，插座、照明回路均为3根导线穿管（线槽）敷设，单联开关
　　　至灯具为2根导线穿管敷设，具体导线型号及管材见系统图。
　　2.平面图中一般动力照明的管线，在走道及核心筒内穿管或采用线槽在吊顶内
　　　敷设，进入房间后为穿管在吊顶内、墙内暗敷。
　　3.二次装修范围内的应急照明及疏散标志，装修设计专业应根据平面布局实
　　　际情况做出相应调整及补充。

归档日期	2006-08	工程名称	广联达办公大厦	图纸	二层照明平面图	图纸	电施-21
工程编号	GLD06-01	图纸比例	1:150	名称		编号	

44

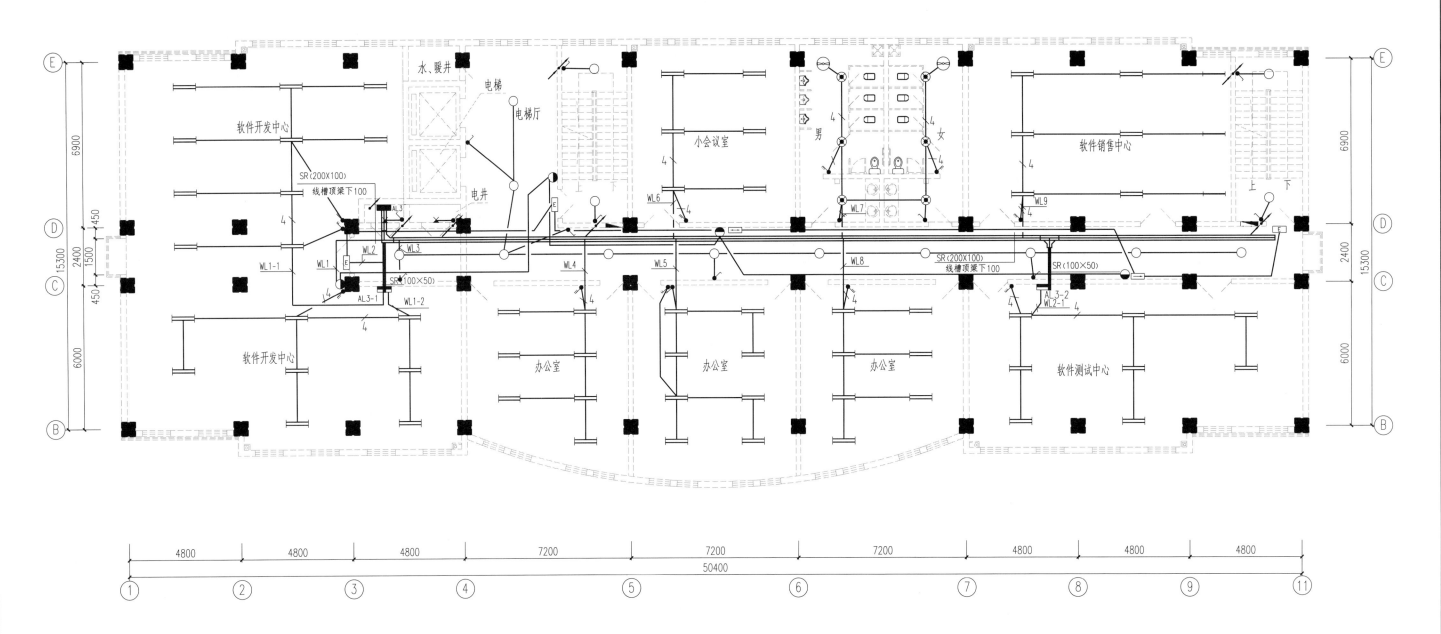

注：1.无特殊标注时，插座、照明回路均为3根导线穿管（线槽）敷设，单联开
关至灯具为2根导线穿管敷设，具体导线型号及管材见系统图。

2.平面图中一般动力照明的管线，在走道及核心筒内穿管或采用线槽在吊顶
内敷设，进入房间后为穿管在吊顶内、墙内暗敷。

3.二次装修范围内的应急照明及疏散标志，装修设计专业应根据平面布局实
际情况做出相应调整及补充。

三层照明平面图 1:150

归档日期	2006-08	工程名称	广联达办公大厦	图纸名称	三层照明平面图	图纸编号	电施-22
工程编号	GLD06-01	图纸比例	1：150				

45

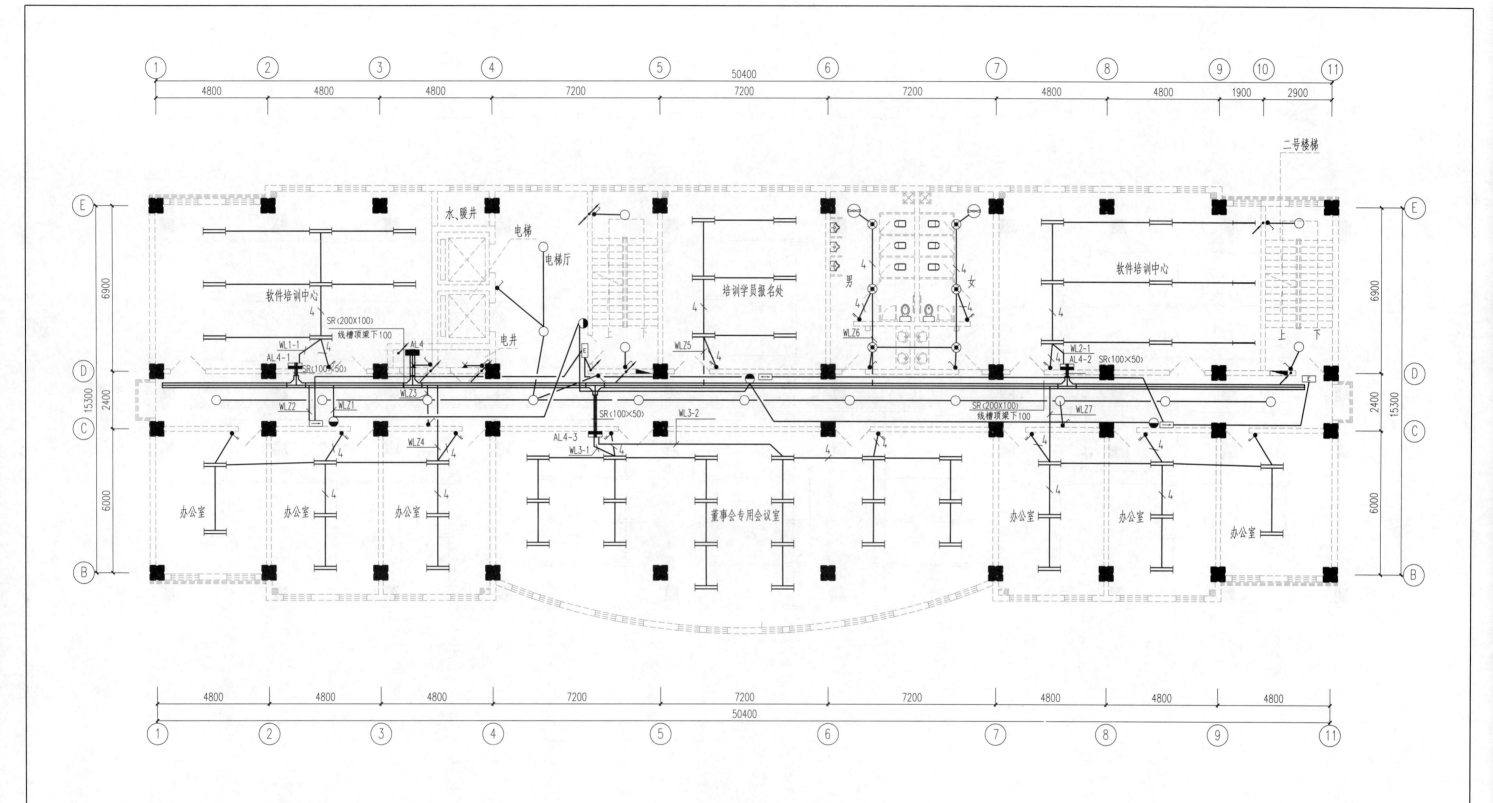

四层照明平面图 1:150

注：1.无特殊标注时，插座、照明回路均为3根导线穿管（线槽）敷设，单联开关至
　　灯具为2根导线穿管敷设，具体导线型号及管材见系统图。
　　2.平面图中一般动力照明的管线，在走道及核心筒内穿管或采用线槽在吊顶内敷
　　设，进入房间后为穿管在吊顶内、墙内暗敷。
　　3.二次装修范围内的应急照明及疏散标志，装修设计专业应根据平面布局实际情
　　况做出相应调整及补充。

归档日期	2006-08	工程名称	广联达办公大厦	图纸名称	四层照明平面图	图纸编号	电施-23
工程编号	GLD06-01	图纸比例	1：150				

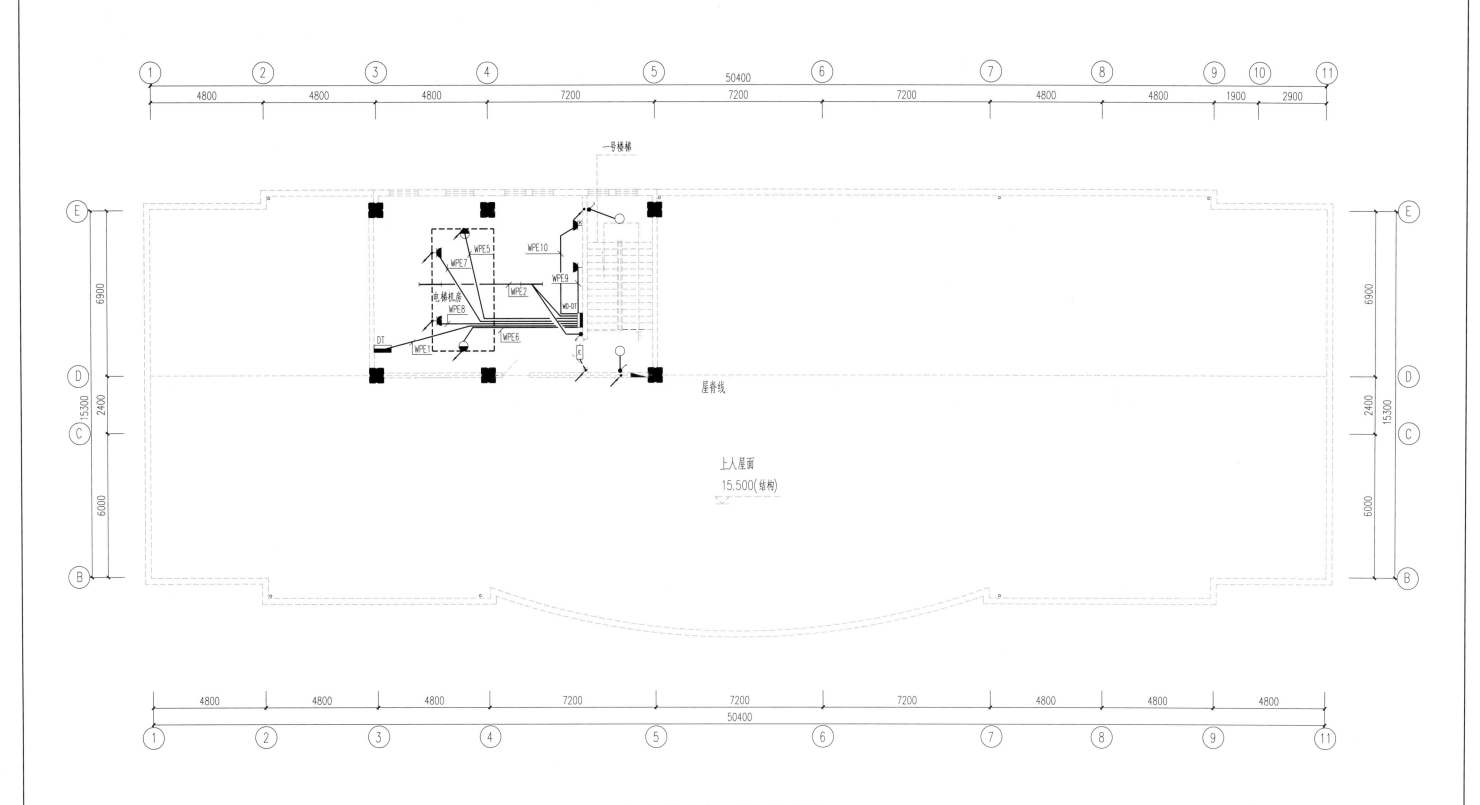

机房层动力、照明平面图 1:150

注：1. WPE7、WPE8回路在井道顶和井道底1m处，各设1个普通插座。

　　2. 电梯计算至电梯控制箱，控制箱所接电缆设备自带。

　　3. WPE5、WPE6回路在井道顶和井道底0.5m处及中间层每7m
　　　　处设井道壁灯，在机房和井道底1.4m处设双控开关。

归档日期	2006-08	工程名称	广联达办公大厦	图纸名称	机房层动力、照明平面图	图纸编号	电施-24
工程编号	GLD06-01	图纸比例	1：150				

47

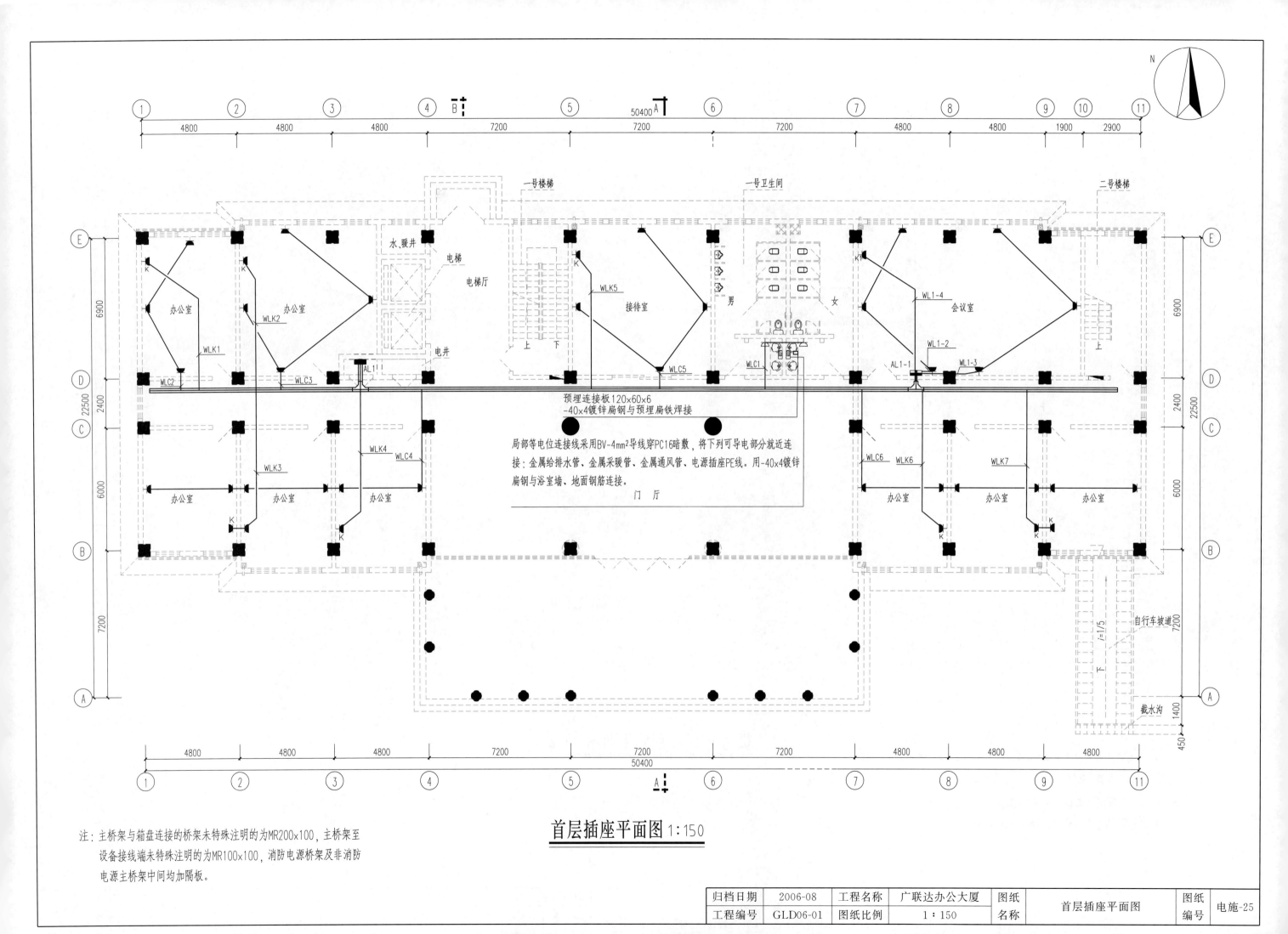

注：主桥架与箱盘连接的桥架未特殊注明的为MR200x100，主桥架至
设备接线端未特殊注明的为MR100x100，消防电源桥架及非消防
电源主桥架中间均加隔板。

首层插座平面图 1:150

归档日期	2006-08	工程名称	广联达办公大厦	图纸名称	首层插座平面图	图纸编号	电施-25
工程编号	GLD06-01	图纸比例	1:150				

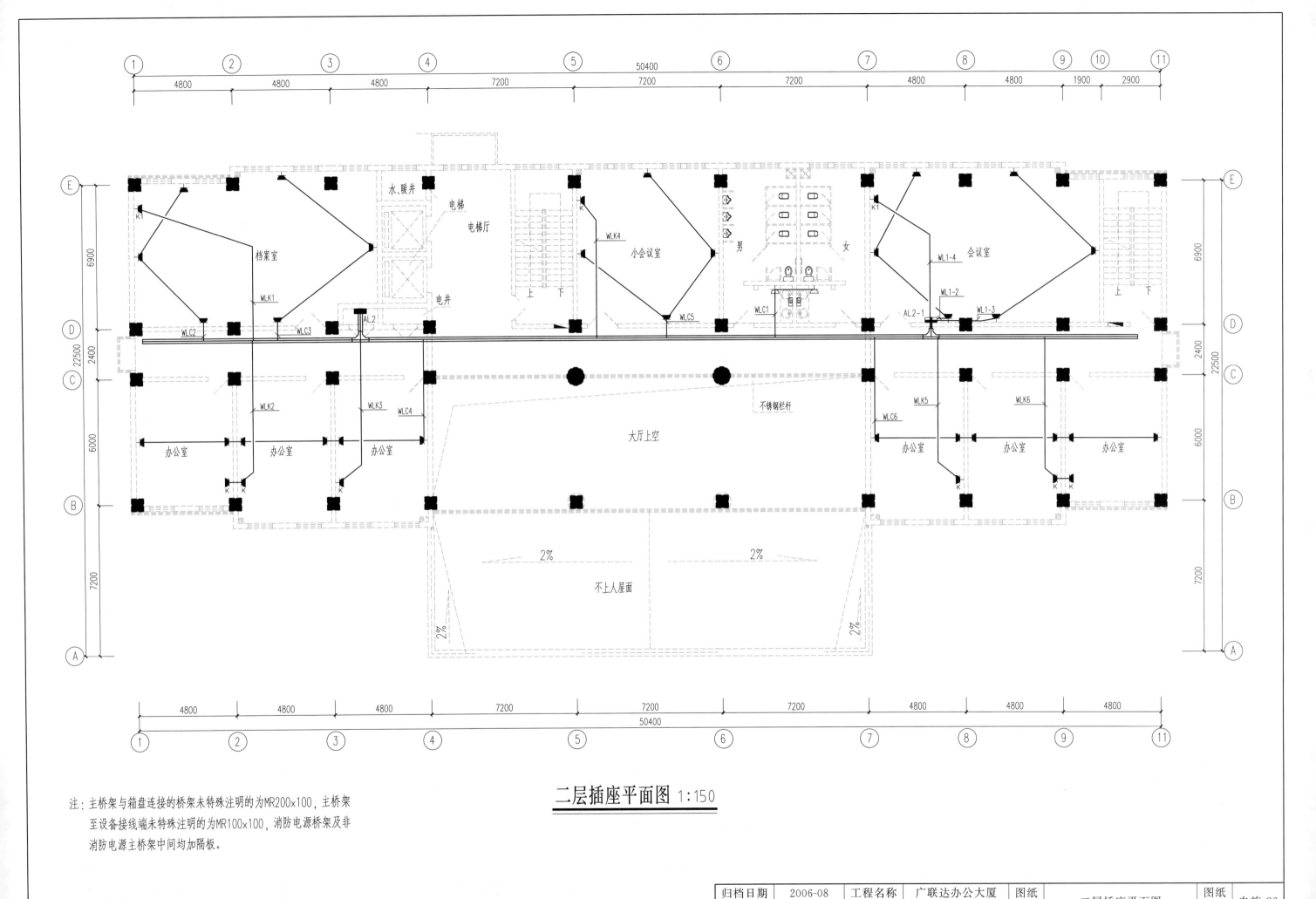

二层插座平面图 1:150

注：主桥架与箱盘连接的桥架未特殊注明的为MR200×100，主桥架
　　至设备接线端未特殊注明的为MR100×100，消防电源桥架及非
　　消防电源主桥架中间均加隔板。

归档日期	2006-08	工程名称	广联达办公大厦	图纸名称	二层插座平面图	图纸编号	电施-26
工程编号	GLD06-01	图纸比例	1:150				

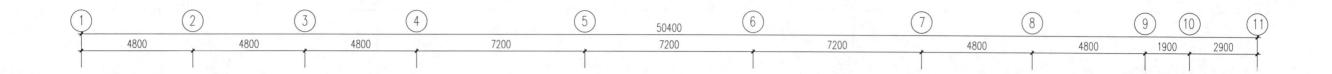

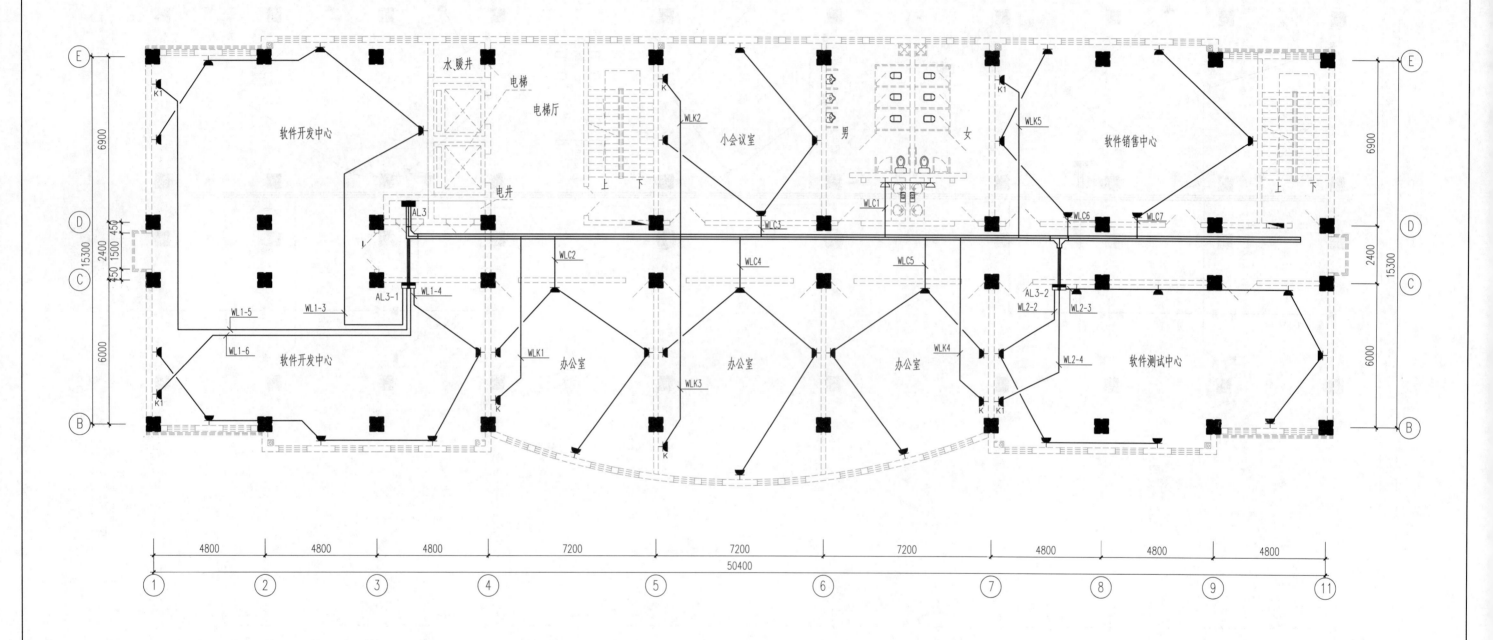

注：主桥架与箱盘连接的桥架未特殊注明的为MR200×100，主桥架
　　至设备接线端未特殊注明的为MR100×100，消防电源桥架及非
　　消防电源主桥架中间均加隔板。

三层插座平面图 1:150

归档日期	2006-08	工程名称	广联达办公大厦	图纸		三层插座平面图	图纸	电施-27
工程编号	GLD06-01	图纸比例	1:150	名称			编号	

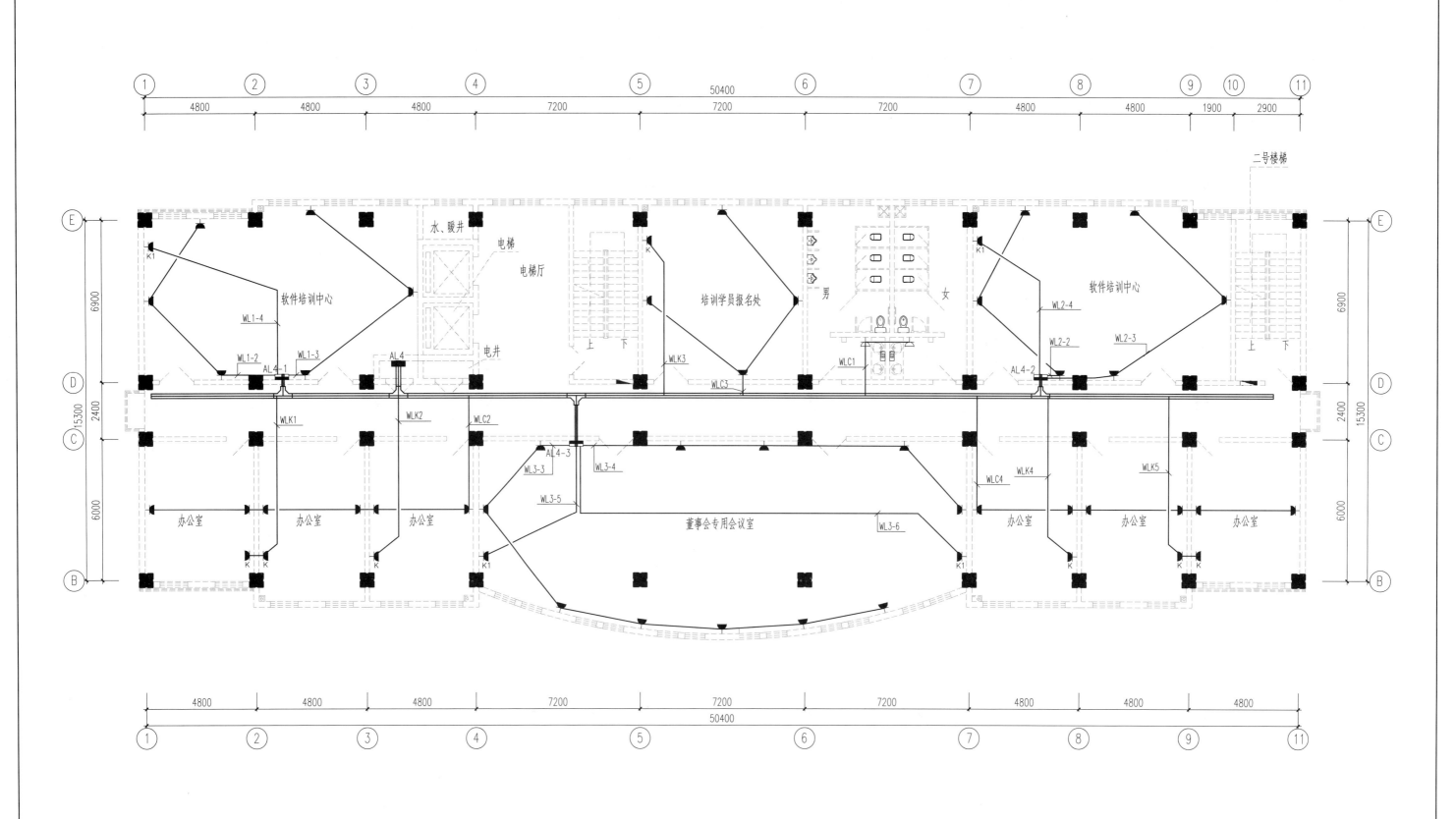

注：主桥架与箱盘连接的桥架未特殊注明的为MR200×100，主桥架
至设备接线端未特殊注明的为MR100×100，消防电源桥架及非
消防电源主桥架中间均加隔板。

四层插座平面图 1:150

归档日期	2006-08	工程名称	广联达办公大厦	图纸	四层插座平面图	图纸	电施-28
工程编号	GLD06-01	图纸比例	1:150	名称		编号	

51

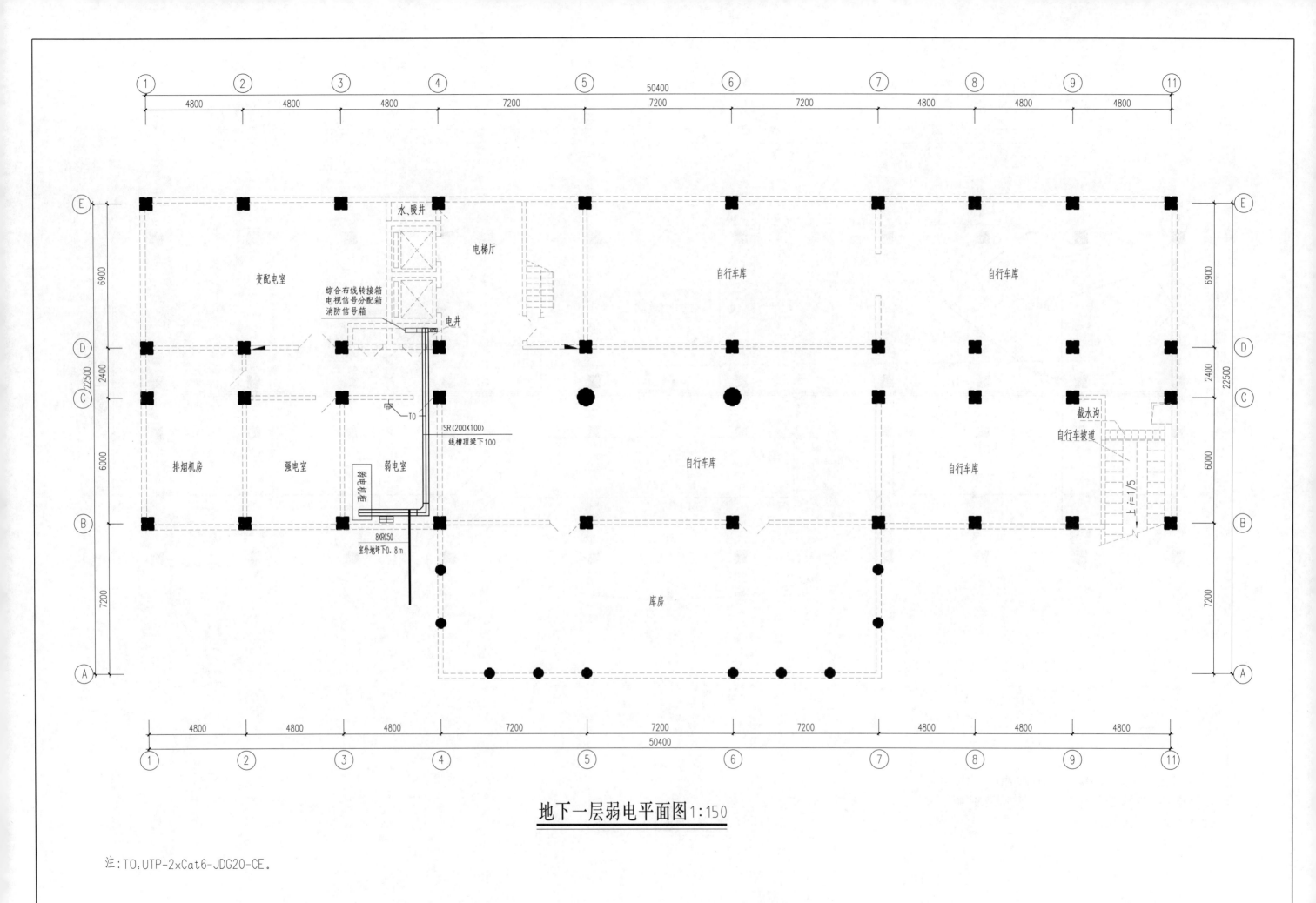

地下一层弱电平面图 1:150

注:TO,UTP-2×Cat6-JDG20-CE。

归档日期	2006-08	工程名称	广联达办公大厦	图纸	地下一层弱电平面图	图纸	电施-29
工程编号	GLD06-01	图纸比例	1:150	名称		编号	

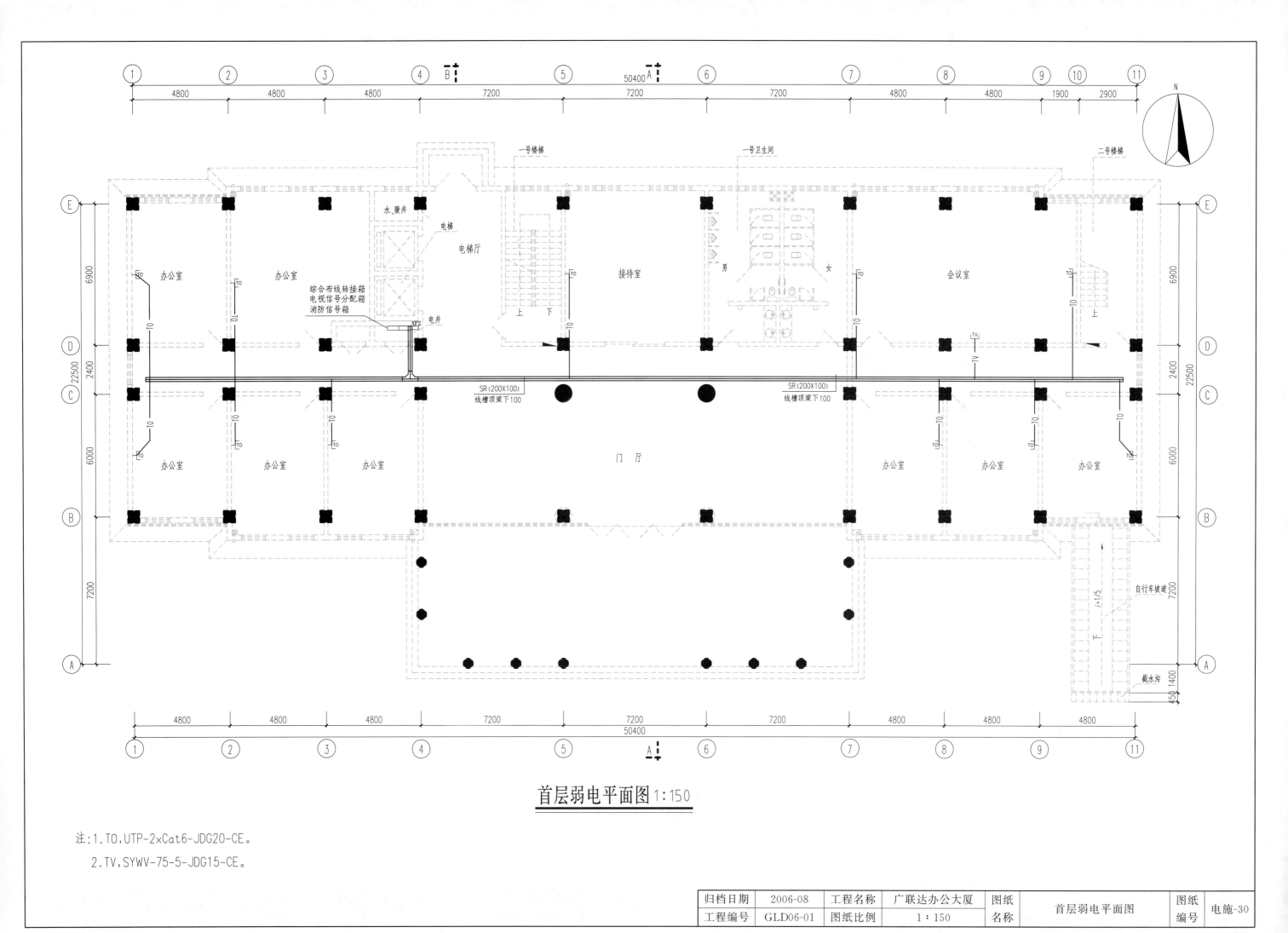

首层弱电平面图 1:150

注:1.TO:UTP-2×Cat6-JDG20-CE。

2.TV:SYWV-75-5-JDG15-CE。

归档日期	2006-08	工程名称	广联达办公大厦	图纸 名称	首层弱电平面图	图纸 编号	电施-30
工程编号	GLD06-01	图纸比例	1:150				

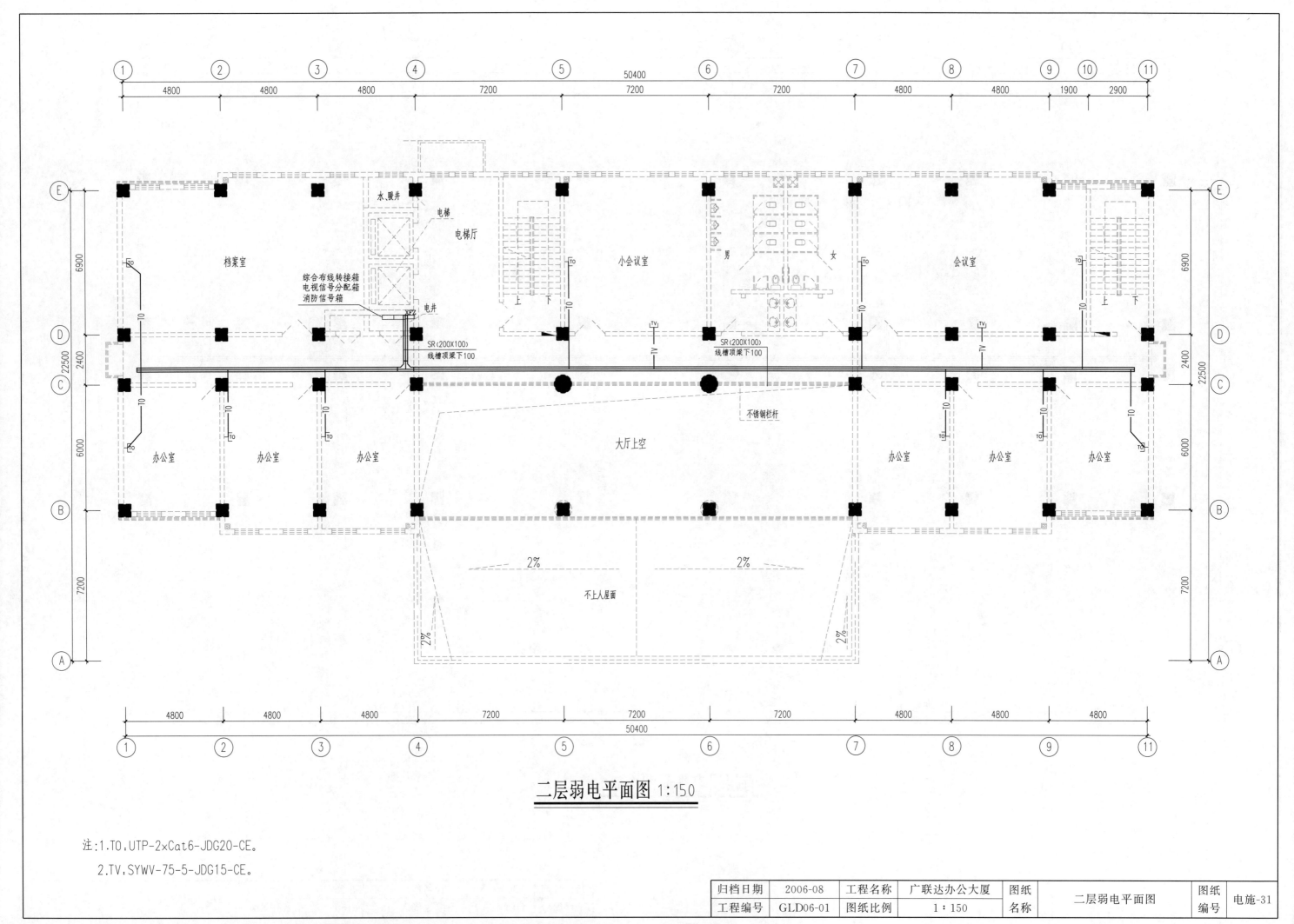

二层弱电平面图 1:150

注:1.TO:UTP-2xCat6-JDG20-CE。
  2.TV:SYWV-75-5-JDG15-CE。

归档日期	2006-08	工程名称	广联达办公大厦	图纸名称	二层弱电平面图	图纸编号	电施-31
工程编号	GLD06-01	图纸比例	1:150				

54

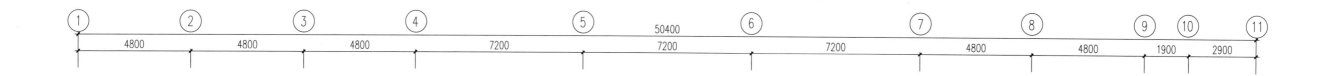

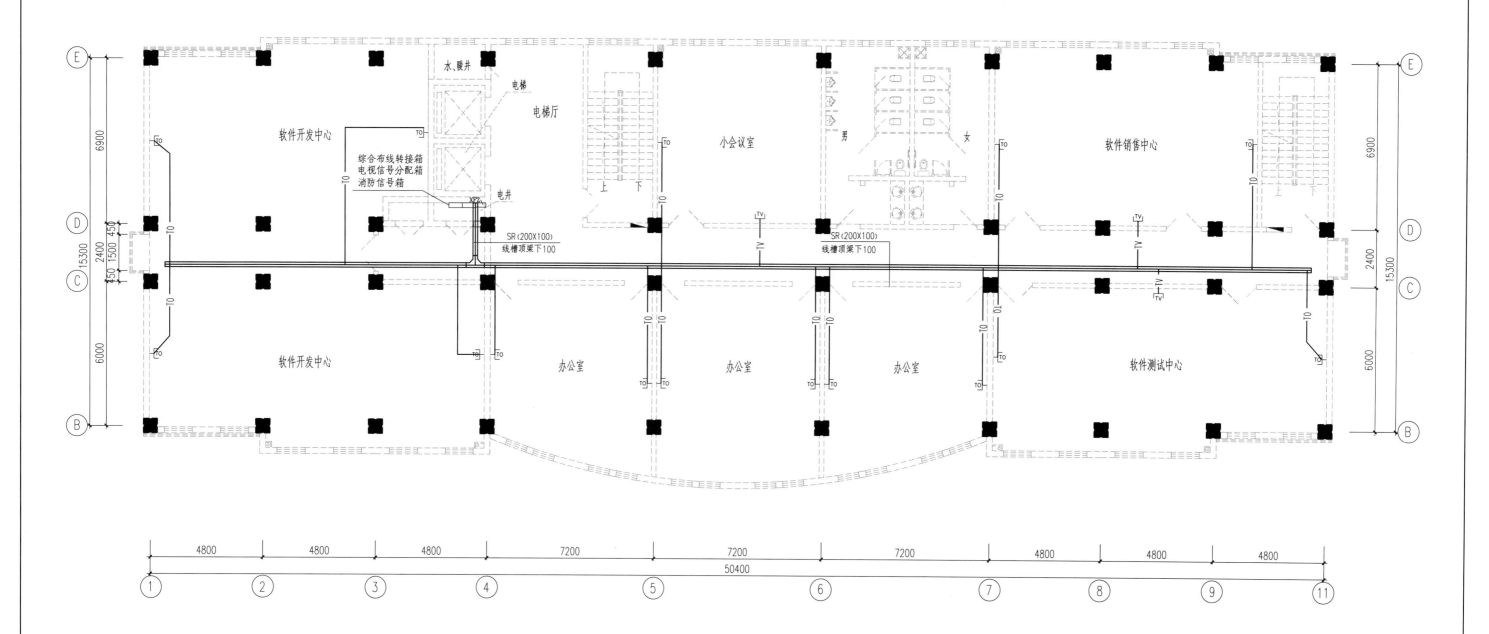

三层弱电平面图 1:150

注：1.TO:UTP-2×Cat6-JDG20-CE。

2.TV:SYWV-75-5-JDG15-CE。

归档日期	2006-08	工程名称	广联达办公大厦	图纸		三层弱电平面图	图纸	电施-32
工程编号	GLD06-01	图纸比例	1:150	名称			编号	

55

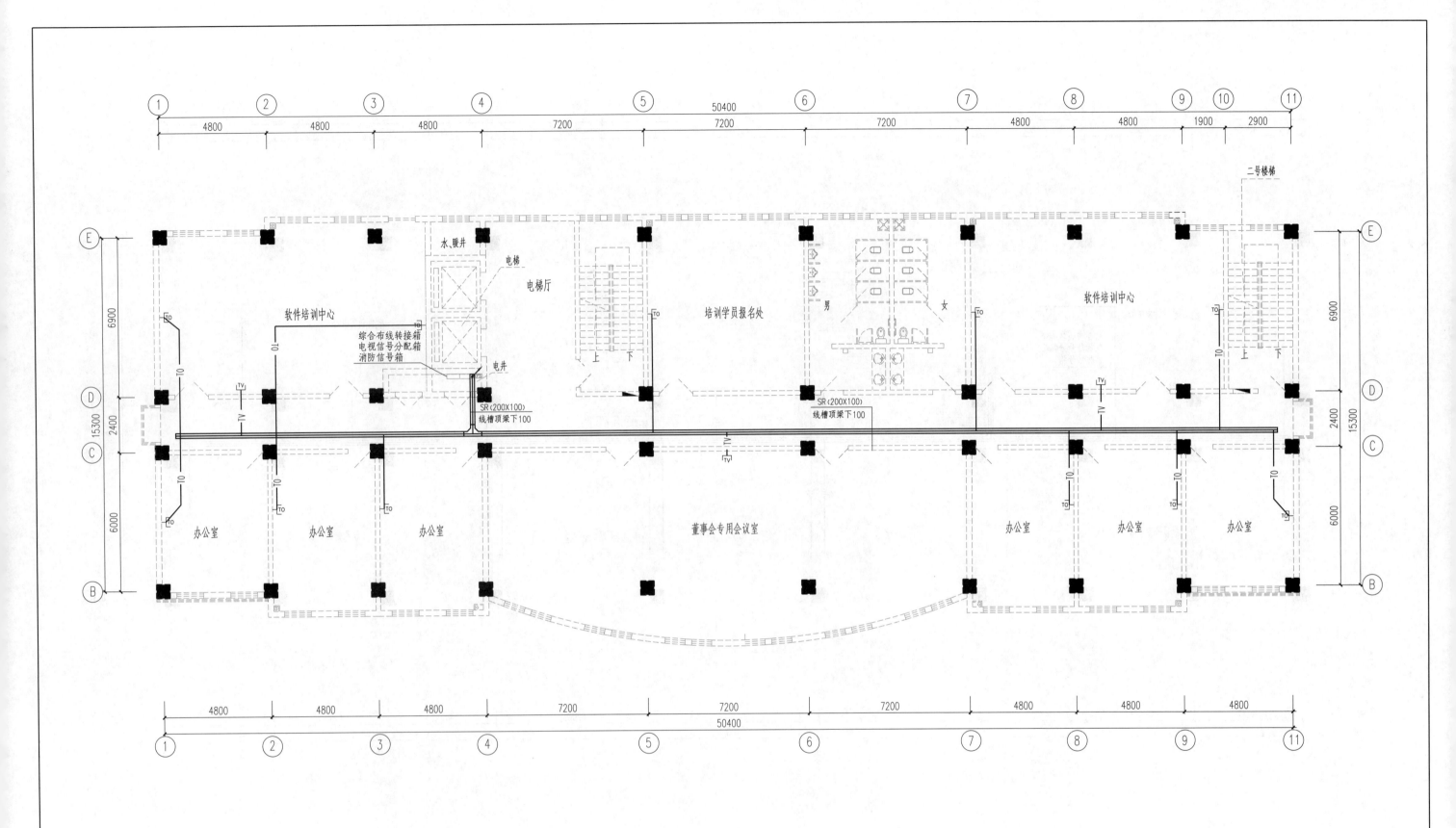

四层弱电平面图 1:150

注：1.TO,UTP-2×Cat6-JDG20-CE。

2.TV,SYWV-75-5-JDG15-CE。

归档日期	2006-08	工程名称	广联达办公大厦	图纸名称	四层弱电平面图	图纸编号	电施-33
工程编号	GLD06-01	图纸比例	1:150				

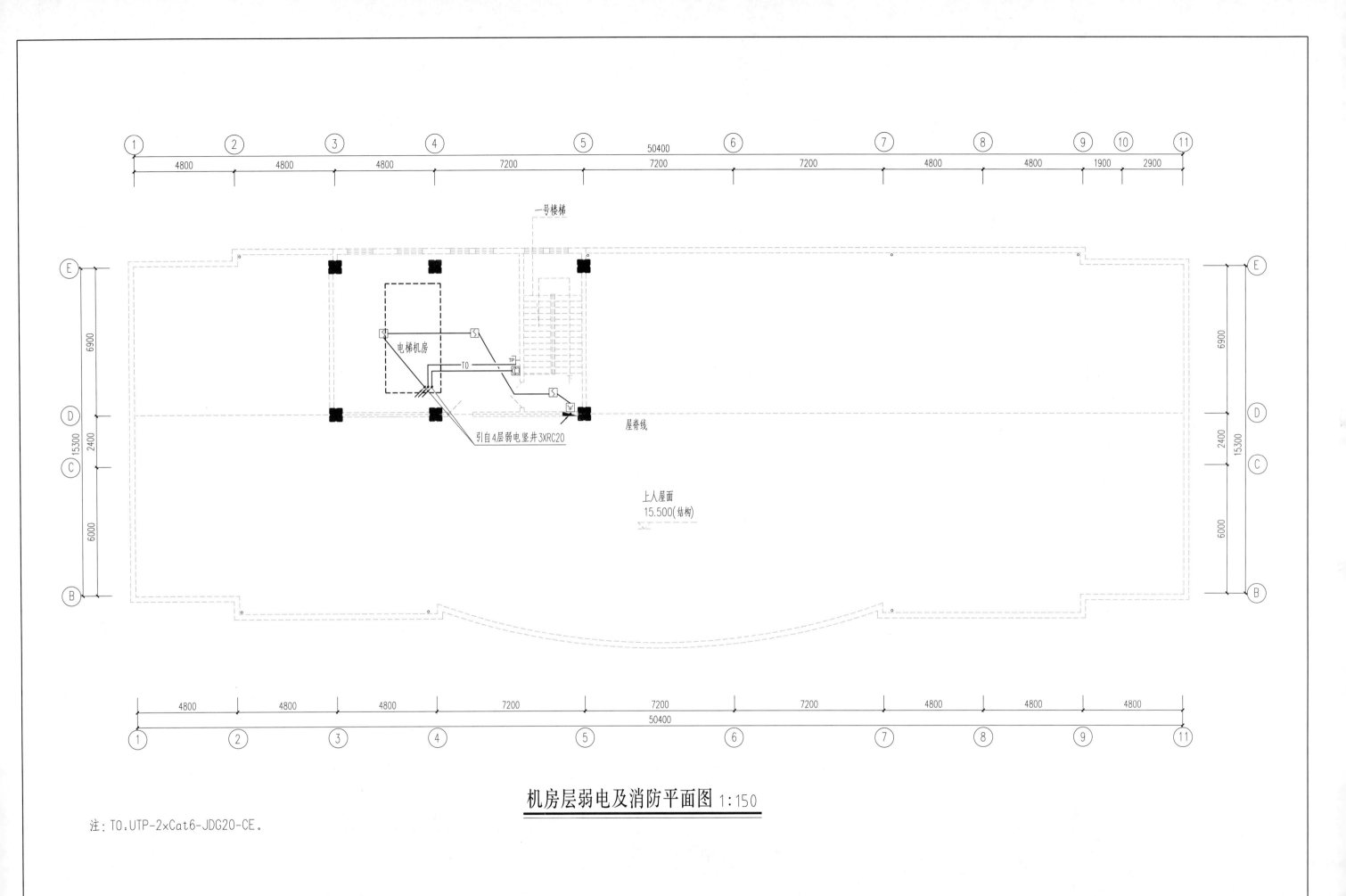

机房层弱电及消防平面图 1:150

注: TO.UTP-2×Cat6-JDG20-CE。

电梯机房

引自4层弱电竖井3XRC20

屋脊线

上人屋面
15.500(结构)

一号楼梯

归档日期	2006-08	工程名称	广联达办公大厦	图纸名称	机房层弱电及消防平面图	图纸编号	电施-34
工程编号	GLD06-01	图纸比例	1:150				

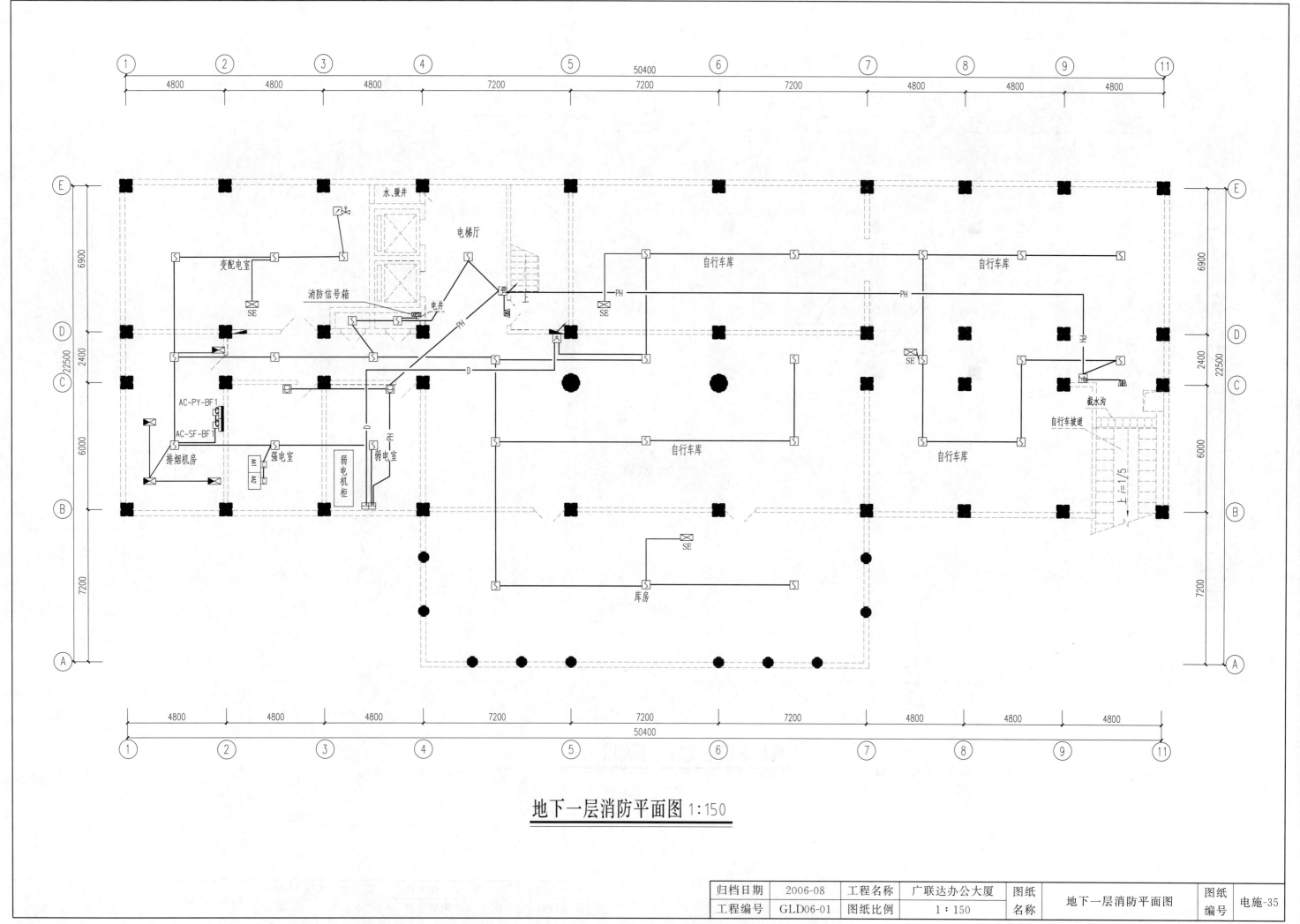

地下一层消防平面图 1:150

归档日期	2006-08	工程名称	广联达办公大厦	图纸名称	地下一层消防平面图	图纸编号	电施-35
工程编号	GLD06-01	图纸比例	1:150				

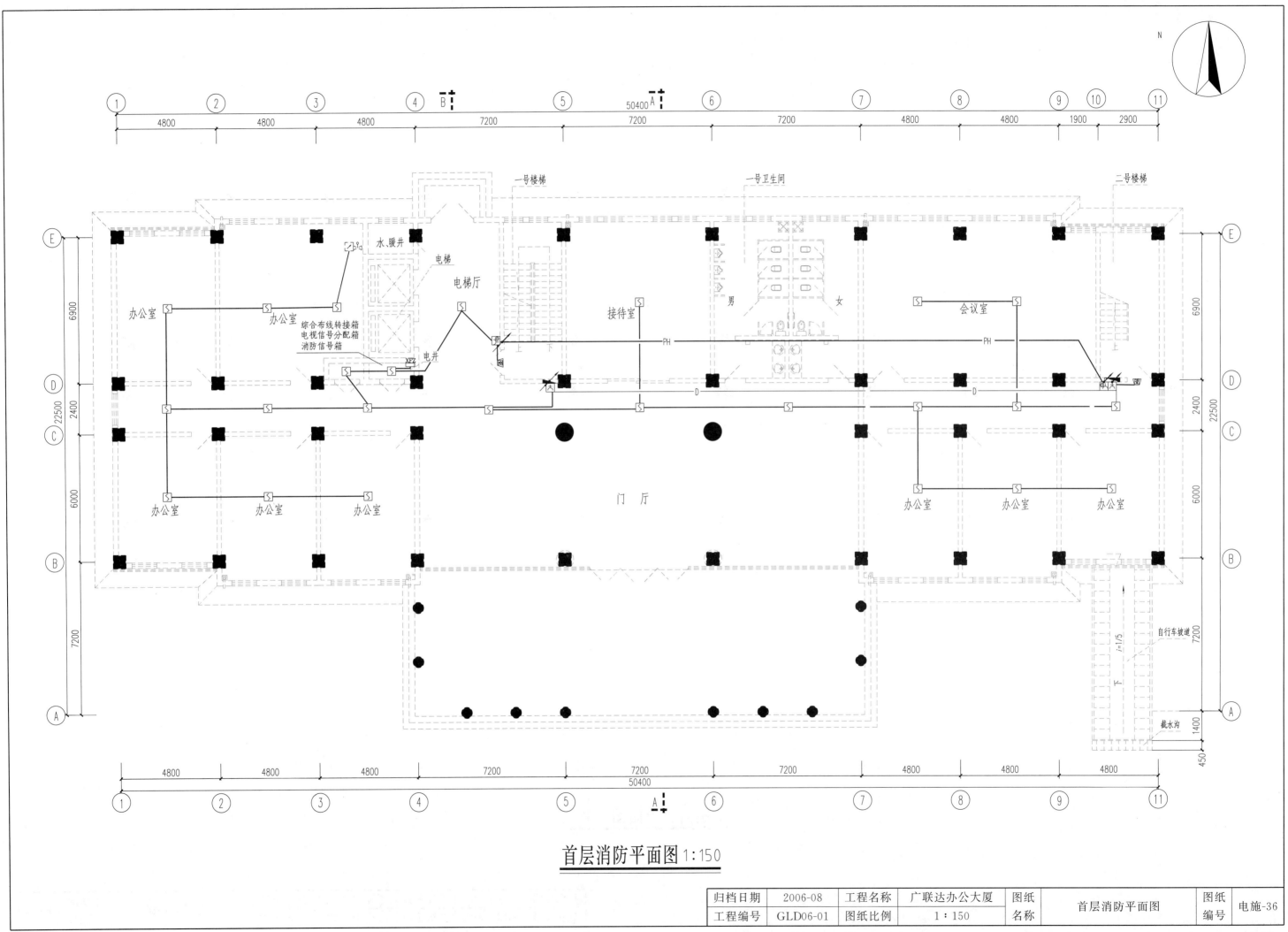

首层消防平面图 1:150

| 归档日期 | 2006-08 | 工程名称 | 广联达办公大厦 | 图纸 | 首层消防平面图 | 图纸 | 电施-36 |
| 工程编号 | GLD06-01 | 图纸比例 | 1:150 | 名称 | | 编号 | |

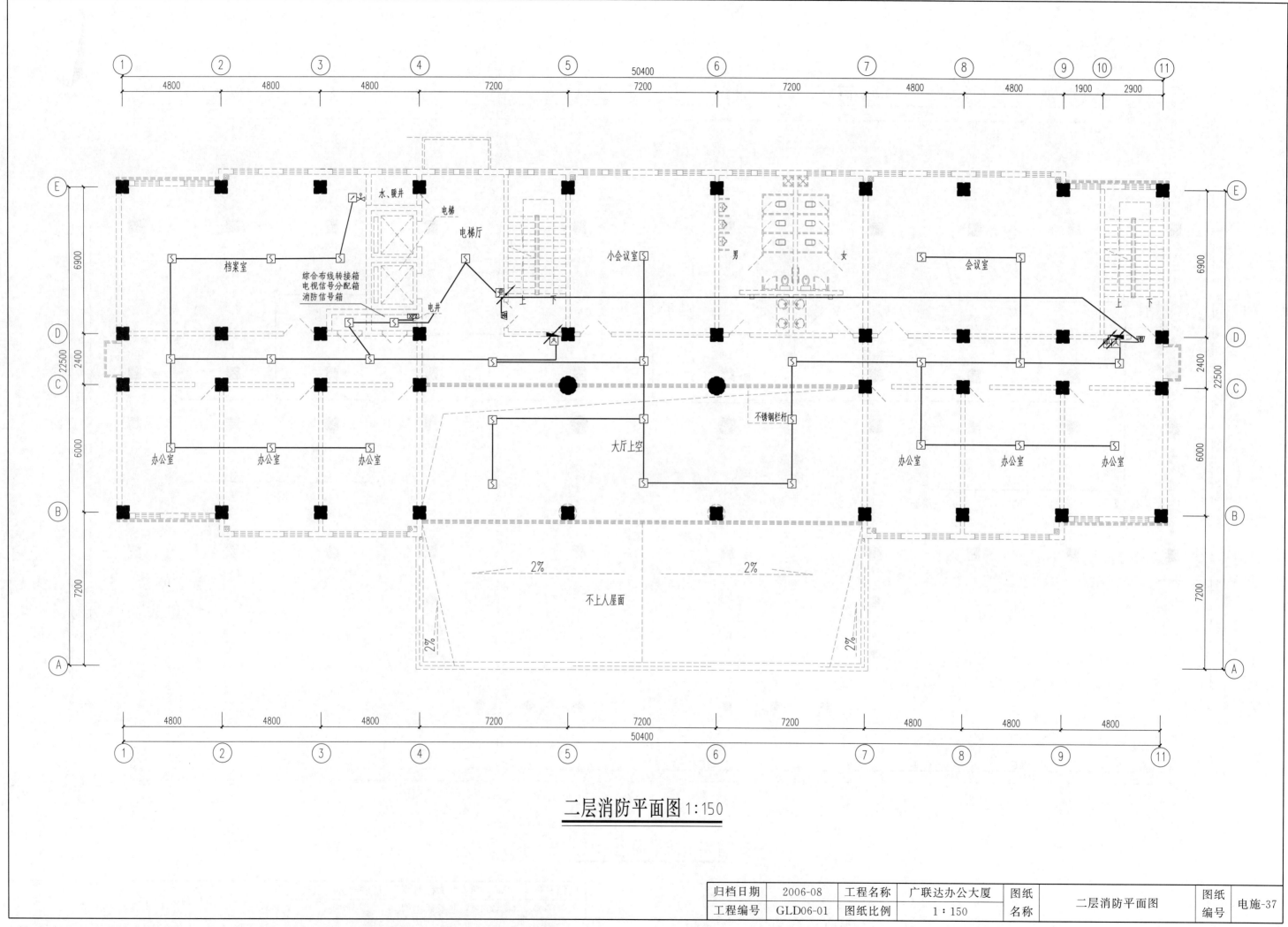

二层消防平面图 1:150

归档日期	2006-08	工程名称	广联达办公大厦	图纸 名称	二层消防平面图	图纸 编号	电施-37
工程编号	GLD06-01	图纸比例	1:150				

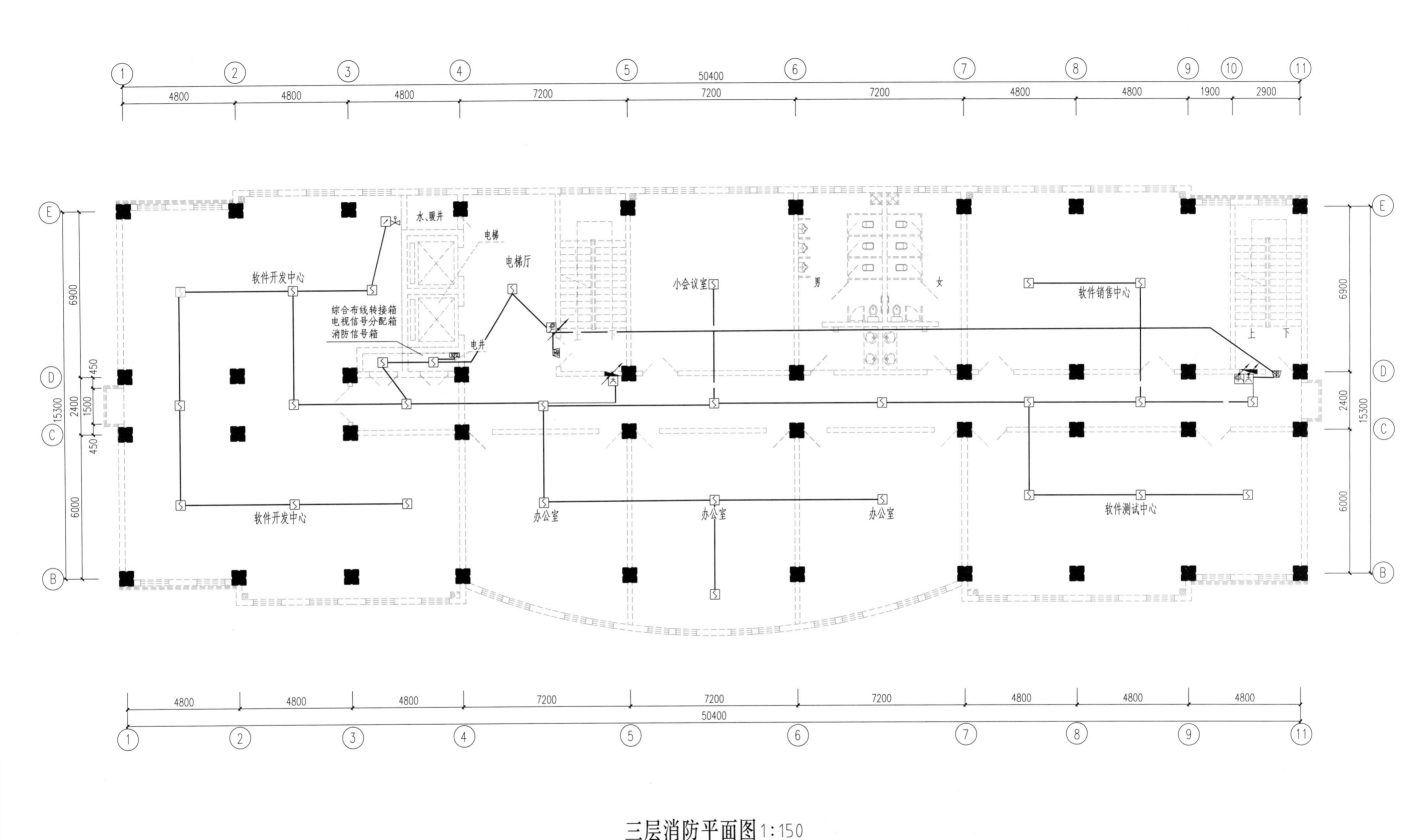

三层消防平面图1:150

归档日期	2006-08	工程名称	广联达办公大厦	图纸 名称	三层消防平面图	图纸 编号	电施-38
工程编号	GLD06-01	图纸比例	1：150				

61

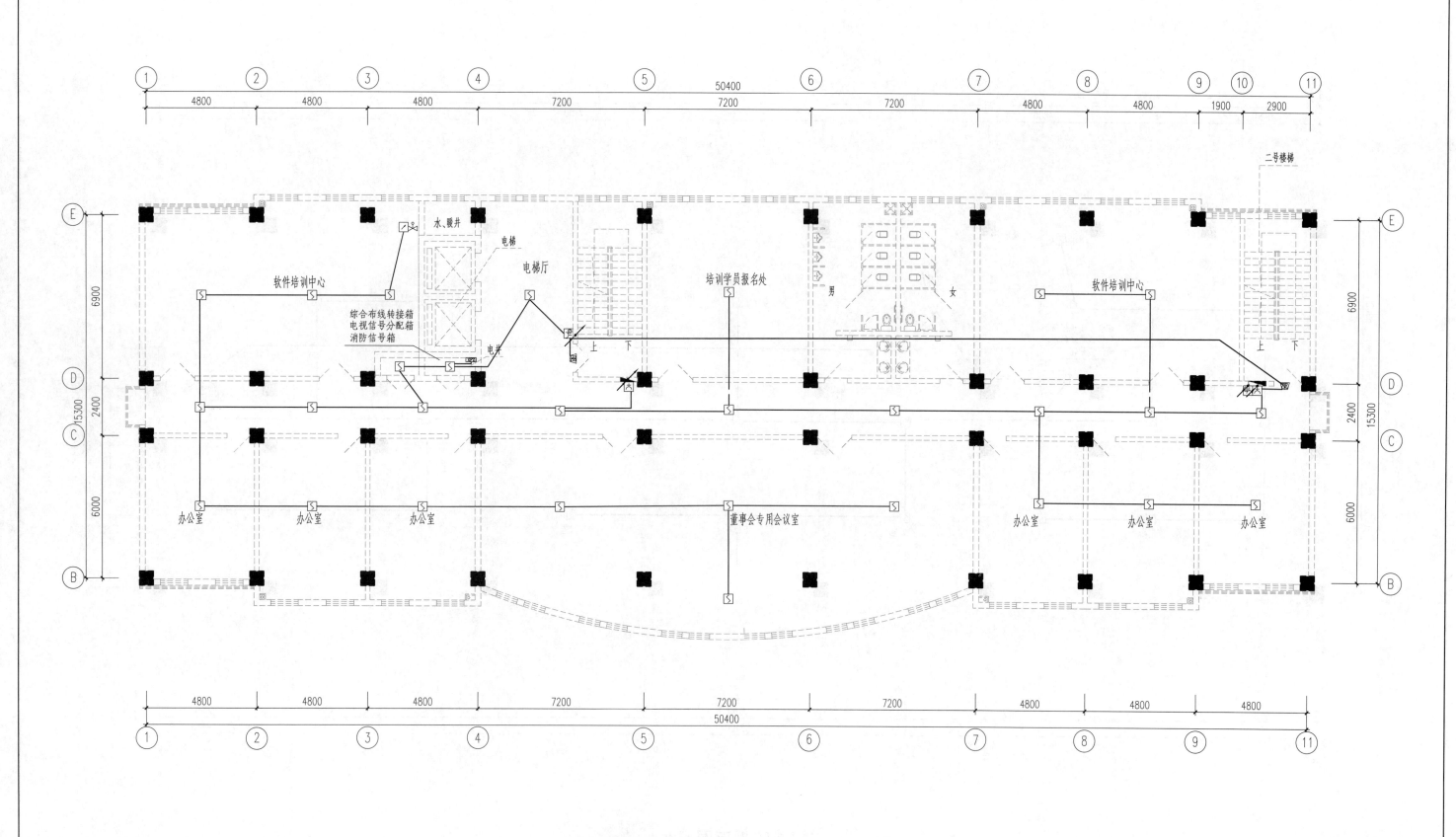

① ② ③ ④ ⑤ 50400 ⑥ ⑦ ⑧ ⑨ ⑩ ⑪

4800 4800 4800 7200 7200 7200 4800 4800 1900 2900

二号楼梯

E
水、暖井
电梯
电梯厅
软件培训中心
培训学员报名处
男
女
软件培训中心
6900

综合布线转接箱
电视信号分配箱
消防信号箱
电井
上 下
上 下

D
2400
15300

C
6000

办公室 办公室 办公室 董事会专用会议室 办公室 办公室 办公室

B

① ② ③ ④ ⑤ 50400 ⑥ ⑦ ⑧ ⑨ ⑪

4800 4800 4800 7200 7200 7200 4800 4800 4800

四层消防平面图 1:150

归档日期	2006-08	工程名称	广联达办公大厦	图纸	四层消防平面图	图纸	电施-39
工程编号	GLD06-01	图纸比例	1:150	名称		编号	

62

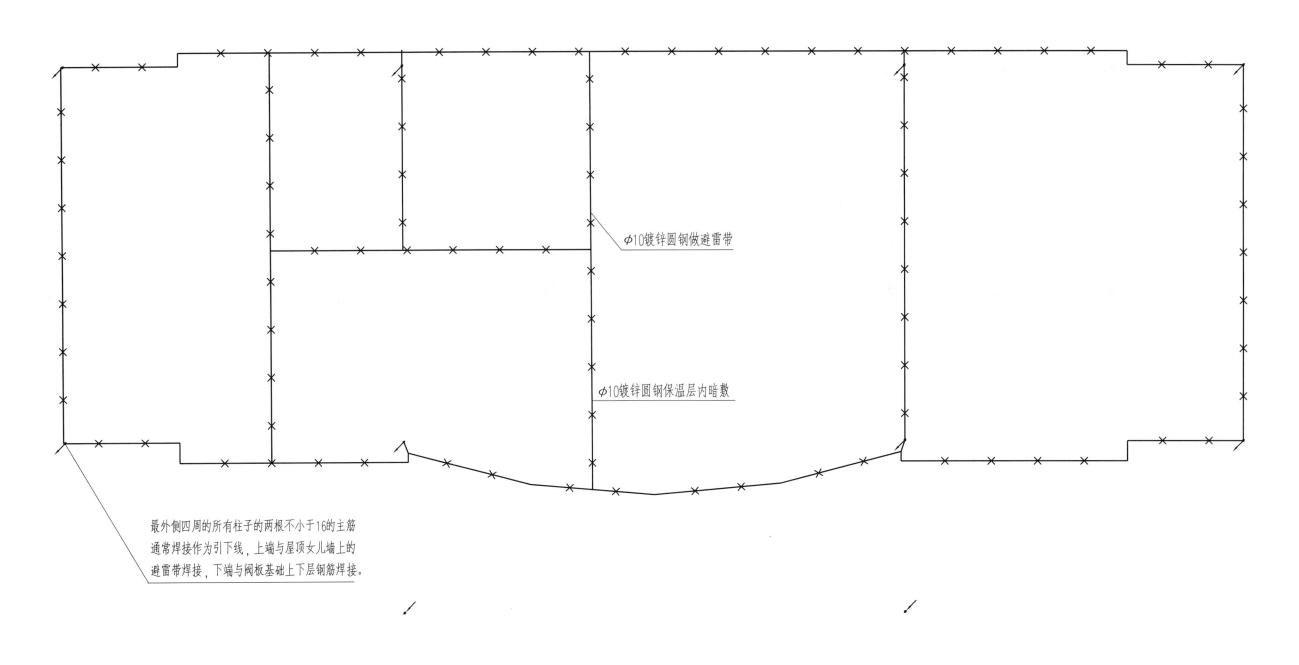

φ10镀锌圆钢做避雷带

φ10镀锌圆钢保温层内暗敷

最外侧四周的所有柱子的两根不小于16的主筋
通常焊接作为引下线，上端与屋顶女儿墙上的
避雷带焊接，下端与阀板基础上下层钢筋焊接。

屋顶防雷平面图 1:150

注.1.平屋顶防雷做法详99D501-1(2-14~15页)。

　　2.屋顶金属栏杆及金属构筑物等与避雷带焊接。

　　3.玻璃幕墙与防雷装置连接做法见99D501-1(2-19~20页)。

归档日期	2006-08	工程名称	广联达办公大厦	图纸名称	屋顶防雷平面图	图纸编号	电施-40
工程编号	GLD06-01	图纸比例	1:150				

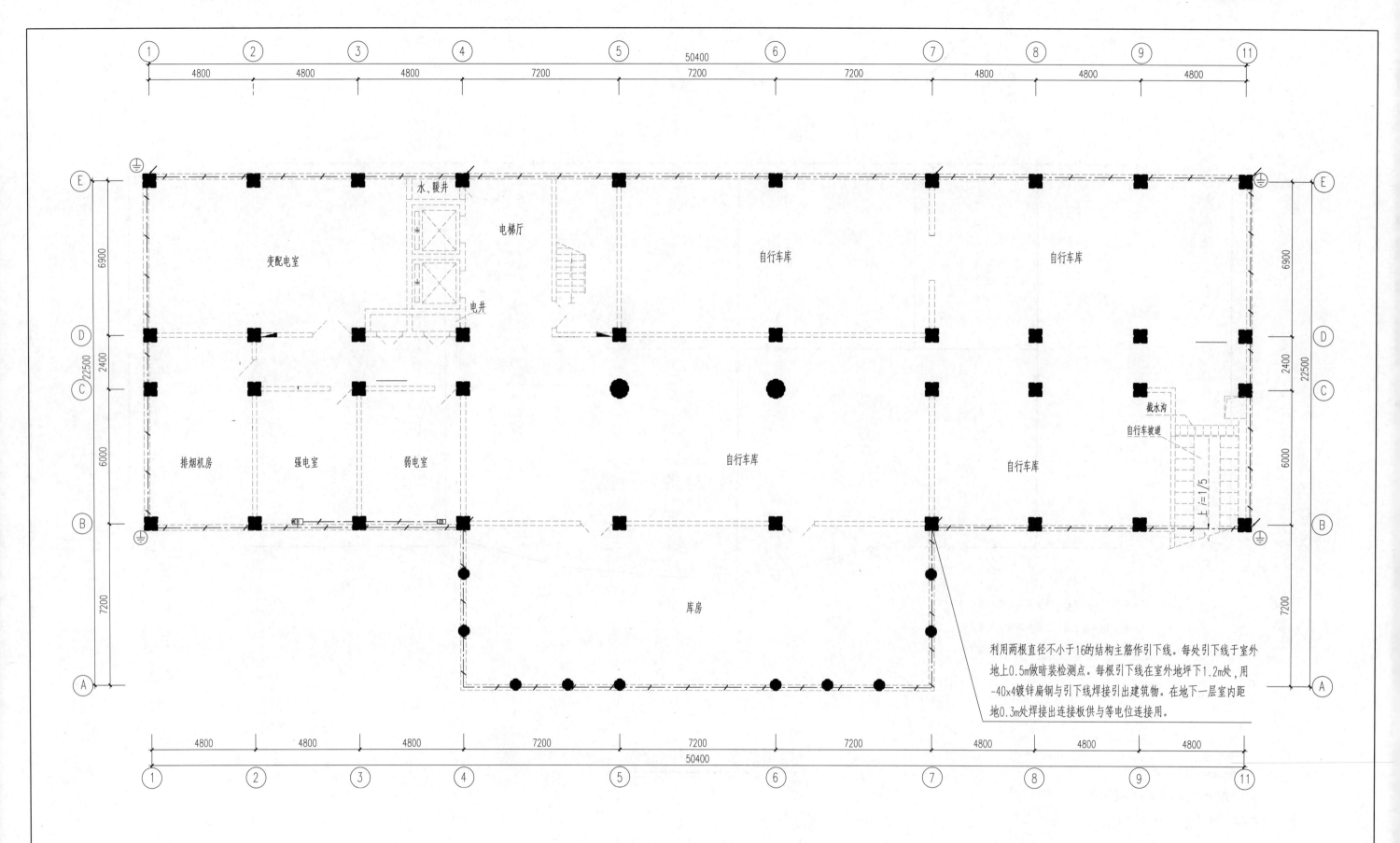

基础接地平面图 1:150

注：1. 〔MEB〕 总等电位联结箱,距地0.3m。
　　2. 〔LEB〕 等电位联结箱,距地0.5m。
　　3. ⊥ 接地端子。
　　4. ⏚ 接地电阻测试卡。

5. 总等电位联结线 JD-R,其他总等电位联结线均为: 40×4 镀锌扁钢。
6. 所有进出本建筑物的管线 (强弱电、设备管线) 均应与水平闭合环状接地装置可靠联结。
7. 详见电气施工设计说明第八部分。

利用两根直径不小于16的结构主筋作引下线。每处引下线于室外地上0.5m做暗装检测点。每根引下线在室外地坪下1.2m处,用-40×4镀锌扁钢与引下线焊接引出建筑物。在地下一层室内距地0.3m处焊接出连接板供与等电位连接用。

归档日期	2006-08	工程名称	广联达办公大厦	图纸名称	基础接地平面图	图纸编号	电施-41
工程编号	GLD06-01	图纸比例	1:150				